# 빛깔있는 책들

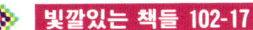빛깔있는 책들 102-17

# 창경궁

글/문영빈●사진/김종섭

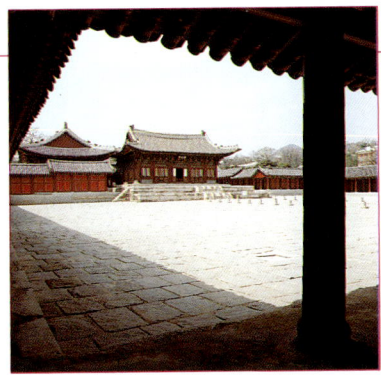

대원사

## 문영빈

한양대학교 건축공학과를 졸업하고
문화재연구소에서 근무하였으며 현재
문화재관리국 전문위원으로 있다.
저서로「서울600년사 문화사적편」
(공저),「창경궁 중건보고서」(공저)
등 여러 책이 있다.

## 김종섭

본사 사진부 차장

# 창경궁

# 창경궁

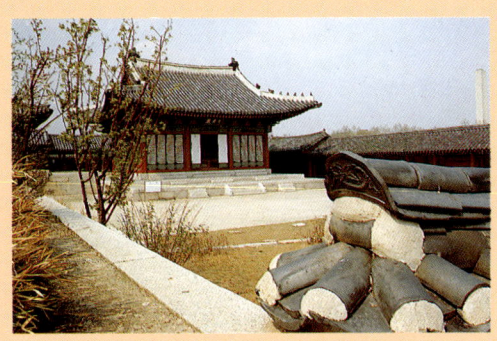

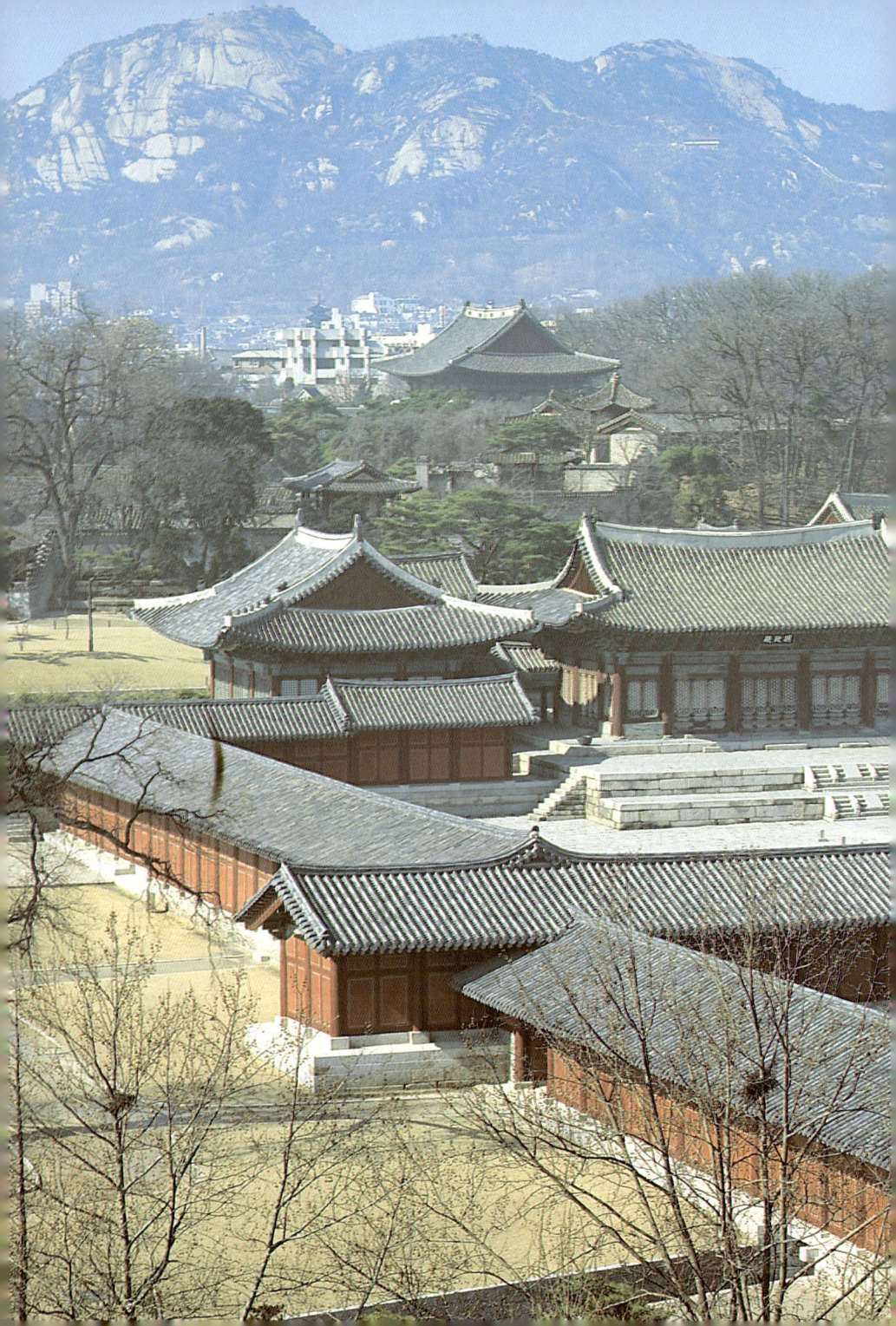

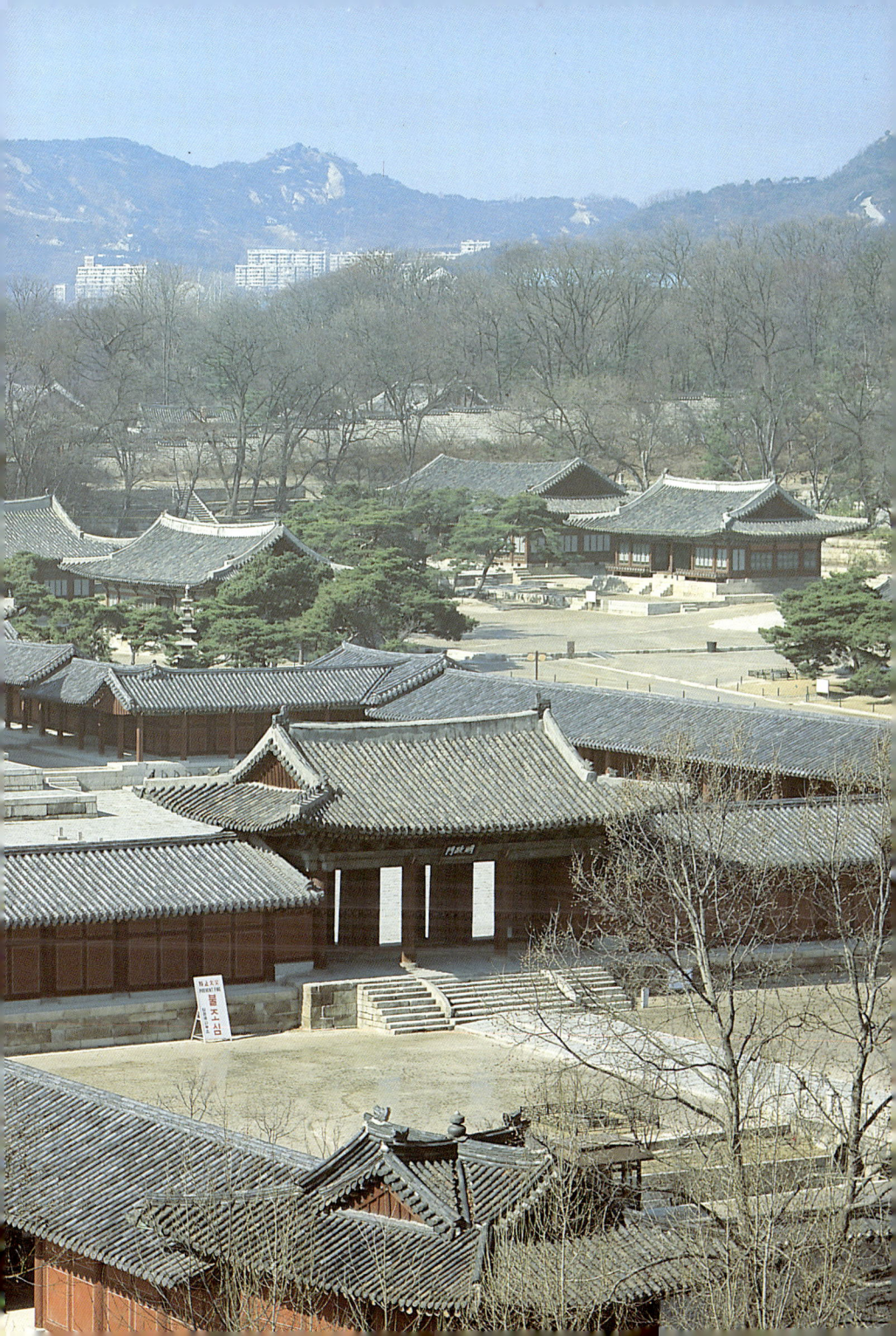

# 창경궁의 역사

## 수강궁(壽康宮)

창경궁이 창건되기 이전에는 이곳에 태종이 거처하던 수강궁이 있었다. 조선 태종 18년(1418)에 태종은 세종에게 왕위를 양위하였으며 세종은 즉위년인 이 해 11월 상왕(上王;太宗)이 거처할 궁전을 짓고 이름을 수강궁이라 하였던 것이다.

세종은 위로 두 분의 상왕을 모셨는데 정종은 노대왕(老大王;恭叡大王)으로 인덕궁(仁德宮)에 거처하였고 태종은 상왕으로 이곳 수강궁에 거처하였다. 태종은 세종에게 양위한 뒤에도 한동안 정무를 관장하고 있었기 때문에 정전(正殿)에서 집무를 하고 대비는 내전 또는 별전에 거처하였다.

세종 2년(1420) 7월 대비(大妃;元敬王后)가 수강궁 별전에서 승하하고 세종 4년 5월에 상왕이 승하한 뒤로는 그의 후궁들이 거처하였다. 태종과 대비가 승하하고 세종 8년에 왕이 경복궁으로 이어(移御)한 뒤로는 수강궁은 크게 사용되지 않았고 별다른 수리도 없었다.

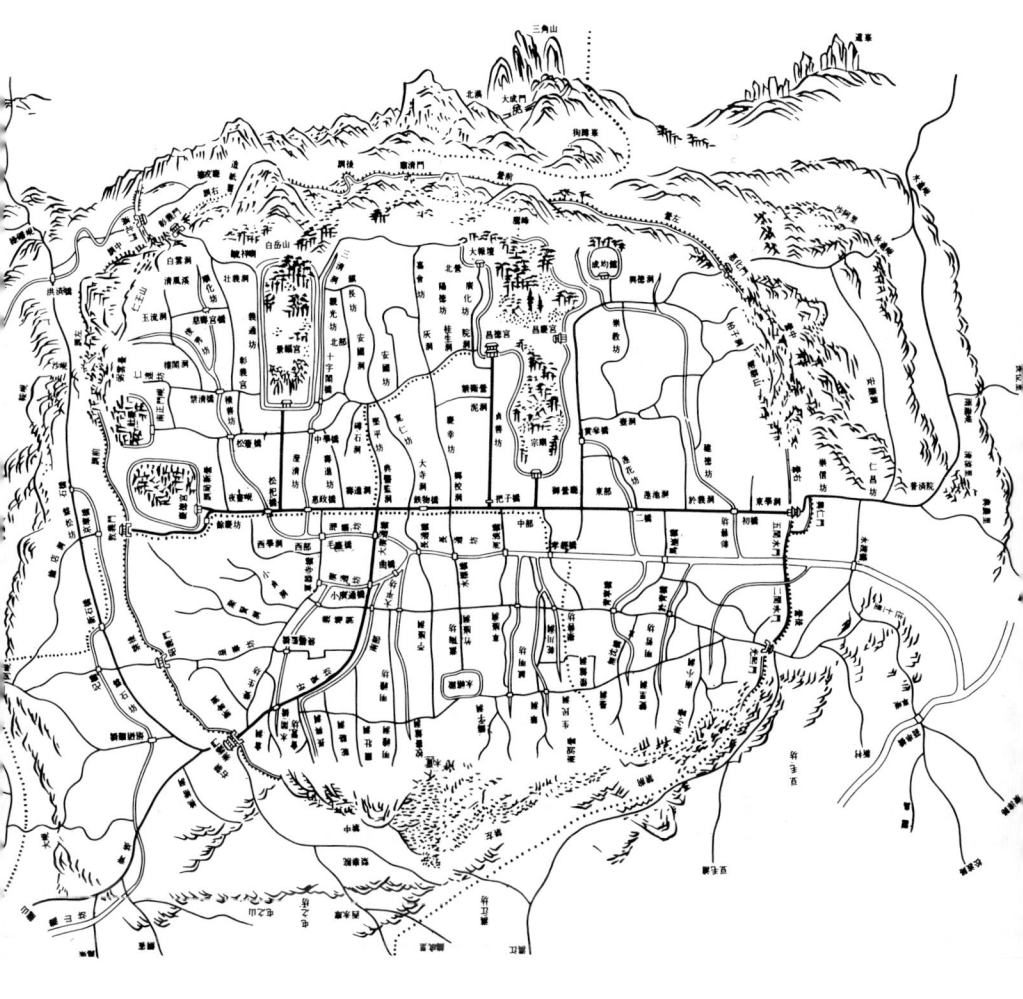

한양성 3군문의 수어 분계도  백악산 남쪽이 경복궁이고 동쪽으로 뻗은 백악산 줄기인
응봉 앞에 창덕궁, 창경궁, 종묘가 자리잡고 있다. 18세기경, 국립중앙박물관 소장.

그 뒤 단종이 즉위하여 한때 이곳으로 거처를 옮겼고, 세조는 1468년 9월 수강궁 정침(正寢)에서 승하하였는데 승하하기 하루 전 세조의 뒤를 이어 예종이 이 궁에서 즉위하였다.

## 창경궁 창건

성종 10년(1479) 대왕 대비(大王大妃 : 貞熹王后)로부터 다음과 같은 분부가 있었다.

왕과 함께 창덕궁에 거하자니 왕의 거처가 좁고 불편하여 내가 수강궁으로 옮기려 하니 이 뜻을 정승들에게 알리도록 하라.

당시 성종은 경복궁이 음양(陰陽)에 거슬린다는 중론에 따라 창덕궁에 대왕 대비와 함께 거처하고 있었는데, 대왕 대비는 어른으로 창덕궁 내정전(內正殿)에 거처하고 있었고 왕은 다른 전에 거처하고 있었다. 따라서 왕에 대하여 미안한 생각을 가지고 있던 중 대비 자신이 수강궁으로 옮기겠으니 왕을 상전(上殿)으로 모시라는 것이었다. 그러나 수강궁은 지은 지가 오래 되고 관리도 허술하여 이미 건물이 낡고 좁으니 평소 효성이 지극하던 성종으로서는 대왕 대비를 수강궁으로 모신다는 것이 더욱 미안하였다.

성종은 위로 세 분의 대비를 모시고 있었으니 그의 조모(祖母 ; 世祖妃인 貞熹王后)와 생모(生母 ; 德宗妃인 昭惠王后) 및 양모(養母 ; 睿宗繼妃인 安順王后)였다. 덕종은 세조 즉위 뒤 세자로 책봉되었으나 왕위에 오르지 못하고 세조 2년(1456)에 별세하였고, 세조 14년 세조의 뒤를 이어 왕위에 올랐던 예종도 즉위 1년 만에 승하하였기 때문에 덕종의 둘째아들인 성종이 13세의 어린 나이로 대왕

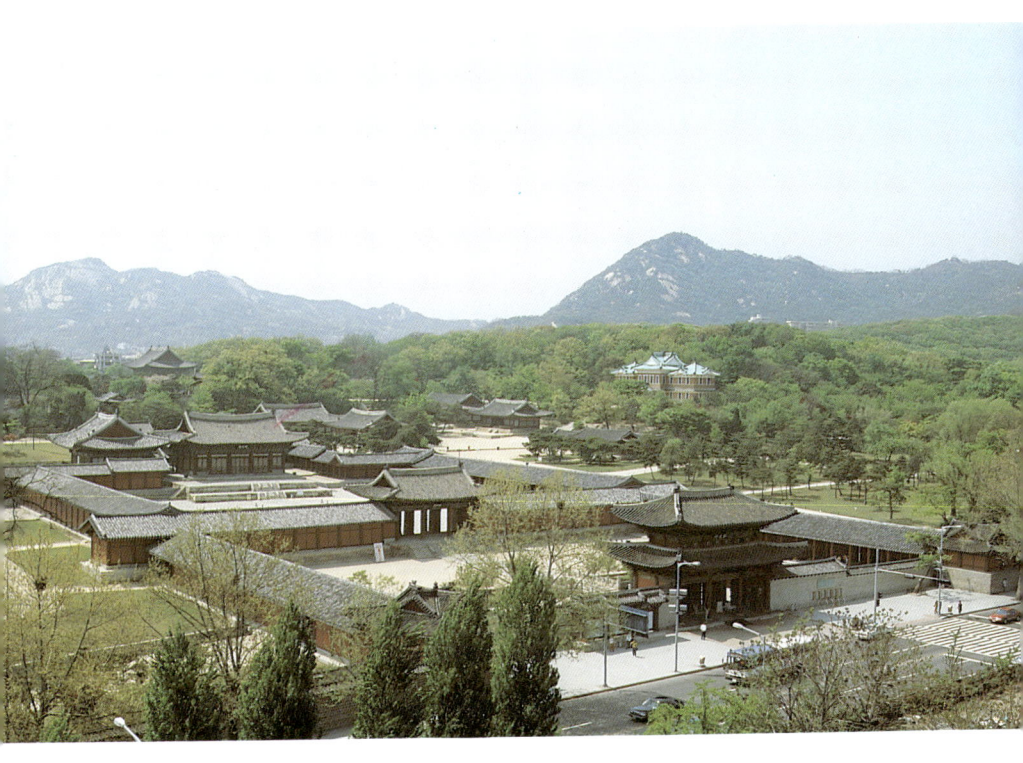

**창경궁 전경**　창경궁은 조선시대의 이궁(離宮)이다. 창경궁이 창건되기 이전, 이곳에는 1418년에 세종에게 왕위를 양위한 태종이 거처하던 수강궁이 있었으나 태종이 승하한 뒤로 이 궁은 점차 관리가 소홀하였다. 이후 성종이 1484년 9월에 궁전을 새롭게 수리하여 궁의 이름을 창경궁이라 하였다. 사진의 오른쪽 위에 보이는 장서각 건물은 1992년에 철거되어 현재는 없다.

대비의 명을 받아 예종의 뒤를 이어 왕위에 올랐다. 따라서 그가 성장하면서 불행한 신세가 된 전 왕비들에 대하여 극진히 생각하는 것은 당연한 일이었을 것이다. 성종은 이 왕비들의 뜻을 받들어 수신 근면(修身勤勉)함은 물론 수시로 연회를 베풀어 위로해 드리며 때로는 친형인 월산대군과 안순왕후 소생인 제안대군 및 종실 인사들을 불러 잔치를 벌여서 친족 사이의 친목을 도모하기도 하였다.

결국 이 문제는 대왕 대비로부터 "금년에 내가 경복궁으로 이어하겠으니 명년 봄을 기다려서 전하도 이어하는 것이 어떠하겠는가?"라는 제안을 시작으로 하여 왕도 "장차 경복궁으로 이어할 터이니 마땅히 제때에 수리해야 할 것이다" 하였으나 곧 "금년에는 이어할 수 없으니 우선 수리하는 것을 멈추어라" 하는 것으로 일단락을 지었다. 그러나 이로부터 9일 뒤 대왕 대비와 소혜왕후(昭惠王后;仁粹大妃)가 수강궁으로 거처를 옮겼고 2년 뒤에는 세 대비가 경복궁으로 거처를 옮겼으므로 왕은 경복궁에 거동하여 문안하곤 하였다.

성종도 처음에는 경복궁으로 이어할 예정이었던 것으로 보이나 결국 이어하지는 않고 창덕궁을 수리하고 거처하기로 하였다. 그리하여 창덕궁 수리 도감(昌德宮修理都監)을 설치하고 목재의 운반 등 공사의 준비를 진행하였으나 왕비 윤씨의 폐출(廢黜), 정현왕후(貞顯王后)의 책립(册立)과 여진 정벌(女眞征伐) 등 안팎에 일이 많고 농사도 흉작이었으며 창덕궁의 수리는 대역사가 될 것이라는 대간(臺諫)들의 반대도 있어 공역이 늦어졌다. 그러나 성종 13년에 와서 도감 제조(都監提調) 한계순, 김겸광 등의 "공사를 시작하지 않으면 준비한 재목이 썩을 것입니다"라는 의견과 한명회, 심회 등의 "지금 팽배(彭排)와 대졸(隊卒)들은 역사를 시키지 않더라도 급료를 지급하여야 하고 또 재목이 썩게 되면 다시 준비하기 어려우니 명년에는 역사를 시작하는 것이 편할 것입니다"라는 의견이 있어 그해 12월 성종은 "창덕궁은 기울어지고 무너짐에 이르지 않았으니 고칠 필요는 없고 수강궁은 3전(三殿)께서 이미 옮겨서 거처하시니 내년에 수리를 시작하는 것이 좋겠다. 무릇 궁실은 마땅히 낮고 양지바르며 쓰일 곳이 많아야 할 것이지 매우 높고 크게 할 것은 없다"라고 하였다.

이전까지는 창덕궁 수리에 관한 논의만 있었으나 이때부터 수강궁을 수리하라는 하명이 본격적으로 있었음을 볼 수 있다. 이로부터 보름 뒤 사간(司諫)으로부터 "수강궁을 수리하도록 명하셨다 하니 이런 흉년을 당하여 영선(營繕)을 하는 것은 온당치 못합니다"라는 항의가 있었고 성종 14년 3월 12일 집의(執儀) 김수광과 사간 유자한 등은 "지금 농사철을 당하여 가뭄이 심하니 수강궁의 토목 공사는 정지시키는 것이 어떠하겠습니까?" 하였으나 성종은 "내가 대간의 말을 기다리지 않더라도 마음이 편안하지 못한 바가 있었지마는 그러나 이 역사만은 부득이한 것이다. 역사를 정지시키면 재목이 반드시 썩을 것이기 때문이다. 수강궁 공사를 끝내 안 할 수 없을 것인즉 재목은 본래 백성을 수고롭게 하여 운반해 온 것인데 지금 만약 썩힌다면 반드시 다시 백성을 수고롭게 하여야 할 것이니 이것이 염려된다" 하였다. 대사간 박계성 등이 다시 계청(啓請)하였으나 성종은 다음과 같이 굳은 의지를 밝혔다.

수강궁을 개조하는 일은 나도 염려했으니 대간의 말이 진실로 이치가 있다. 그러나 고의로 분수에 지나친 사치를 하여 백성을 괴롭게 하려는 것은 아니다. 그 궁실이 기울어지고 무너진 것을 살펴보건대 형세가 오래 지탱하기 어려울 뿐더러 재목을 운반하여 쌓아 둔 지가 이미 오래 되어 썩은 것이 많다. 만약 금년에 공사를 중지하게 된다면 혹시 흉년이 들고 백성이 날로 곤궁하게 될 경우 장차 그 궁실이 무너지는 것을 앉아서 보기만 하고 이를 수리하지 않겠는가. 만약 그때 가서 마지못하여 다시 일을 시작한다면 이미 운반한 재목은 벌써 썩었을 것이므로 장차 다른 재목을 구해야 할 것이니 백성이 어찌 곤궁하지 않겠는가. 지금 수리하는 일이 이미 진행되고 있으니 중지할 수가 없다. 또 음양가(陰陽家)에서도 금년이 길(吉)하다고 하였다. 사설(邪說)은 비록 믿을 것은 못 되지만 무릇 사람이 한 채의 작은 집을 짓더라도 반드시 그 길흉을 묻는데 궁궐을 건립하면서 어찌 생각해 보지 않겠는가. 다시 말하지 말라.

이러한 내용으로 보아 성종이 수강궁의 수리(곧 新宮인 昌慶宮의 營建)를 위하여 얼마나 여러 면으로 생각하고 또 굳은 결심을 하였던가를 엿볼 수 있다. 그러나 공사가 시작되고서 불과 한 달이 지났을 무렵인 3월 30일 온양 행궁(溫陽行宮)으로 갔던 대왕 대비가 승하하므로 일시 중지하였다가 6월 광릉(光陵)에 안장한 뒤 8월에 다시 공사를 시작하여 이듬해인 성종 15년(1484) 1월에는 대개의 궁실이 조성되었고 성종은 궁궐을 돌아보았다.

2월에는 의정부 좌찬성(議政府左贊成) 서거정(徐巨正)이 왕명을 받들어 여러 전각의 이름을 지어 올렸는데 "전(殿)은 명정(明政), 문정(文政), 수녕(壽寧), 환경(歡慶), 경춘(景春), 인양(仁陽), 통명(通明)이라 하고 당(堂)은 양화(養和), 여휘(麗暉)라 하였으며 각(閣)은 사성(思誠)이라" 하였다. 3월 20일에는 우부승지(右副承旨) 김종직이 '창경궁기(昌慶宮記)'를 지어 올렸다.

이에 대하여 뒤에 이 공사의 제조(提調)였던 영중추부사(領中樞府事) 이극배로부터 "신이 「경복궁조성의궤(景福宮造成儀軌)」를 보건대 그 건립, 명명의 뜻을 글로 지었는데 전당(殿堂)과 대문 이름까지도 모두 뜻이 있습니다. 지금 이 창경궁을 영건한 본의와 전당과 대문 이름의 뜻을 홍문관으로 하여금 짓게 하소서" 하니 성종은

"경복궁은 나라를 열고 도읍을 세운 시초이므로 진실로 갖추어 기재하는 것이 마땅하나 지금 전당과 대문 이름의 뜻을 상세히 풀어쓸 필요가 없다. 다만 이름을 지은 것은 오로지 두 대비전을 위한 것이니 김종직으로 하여금 짓게 하라" 하였다.

4월에는 주위 4,325척의 궁 담장을 쌓되 바깥 담장은 한 길 반(一身半), 안 담장은 한 길의 높이를 이루도록 하였고 7월에는 통명전 북쪽에 정자를 짓고 환취정이라 이름하였는데 김종직이 지은 '환취정기(環翠亭記)'에서 다음과 같이 설명하고 있다.

창경궁 뒷산에 새 정자가 있으니 이름을 환취라 한다. 바로 통명전의 북쪽 모퉁이에 있는데 언덕과 멧부리의 형세는 곁으로 비끼고 옆으로 펼쳐졌고 긴 소나무 만 주가 둘러서 있으며 또 빽빽한 대나무 수천 그루를 심어 그 빈틈을 메웠다. 앞으로는 대궐에 다다랐으니 결구(結構)가 고르지 않고 원앙 기와의 비늘이 푸르게 새겨졌고 잔디뜰과 이끼 벽돌이 서로 도와 푸르스름한 산기운을 이루었다. 가까운 데로부터 멀리는 높은 담 밖에 시가(市街)가 있으니 시가 밖에는 성곽이 있고 성곽 밖에는 산들이 있다. 남산의 연기와 구름, 동대문 밖의 풀과 나무들은 색을 모으고 녹색을 칠하여 난간 밑에 와서 서로 기이함을 다투어 비치니 형태는 천 가지 만 가지이다. 이것이 이 정자가 환취라고 이름을 한 까닭이다. … 진실로 원컨내 전하께서는 게으르기니 방종하지 말고 언제나 한 마음을 가지시어 이 정자에 오를 때마다 이럭저럭 하는 사이에 세월이 흐르기 쉬움을 깊이 두려워하고 반드시 백성들을 보호할 것을 생각하여 하늘에 빌어 나라의 운명을 길게 하는 실천을 하기를 위에서 말한 것과 같이 하시면 우리 조선 억만세토록 끝없는 아름다움이 여기에 있지 않겠나이까. 신은 감히 이것으로 올리나이다.(「신증동국여지승람」 제1권 京都 上 창경궁)

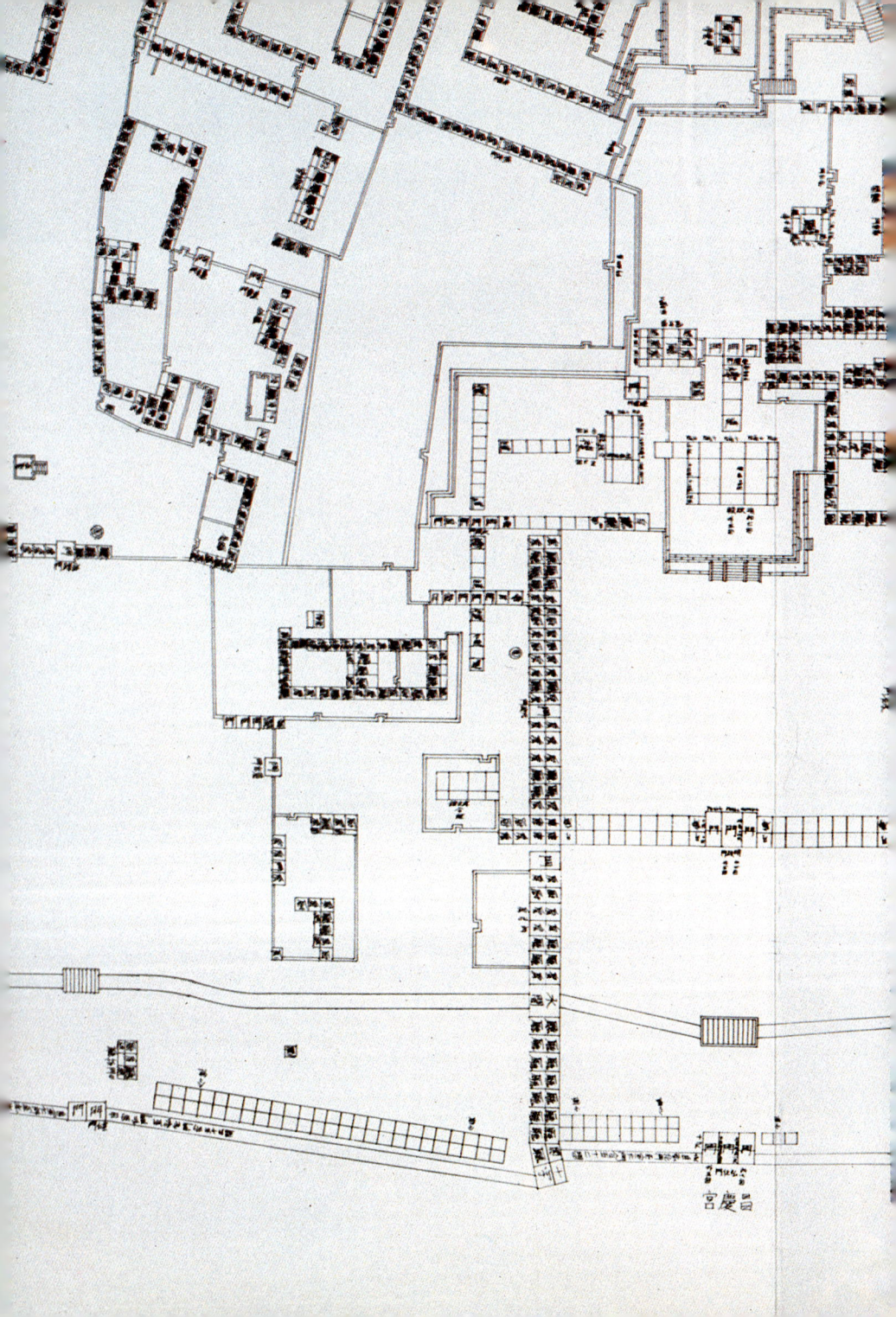

宮慶昌

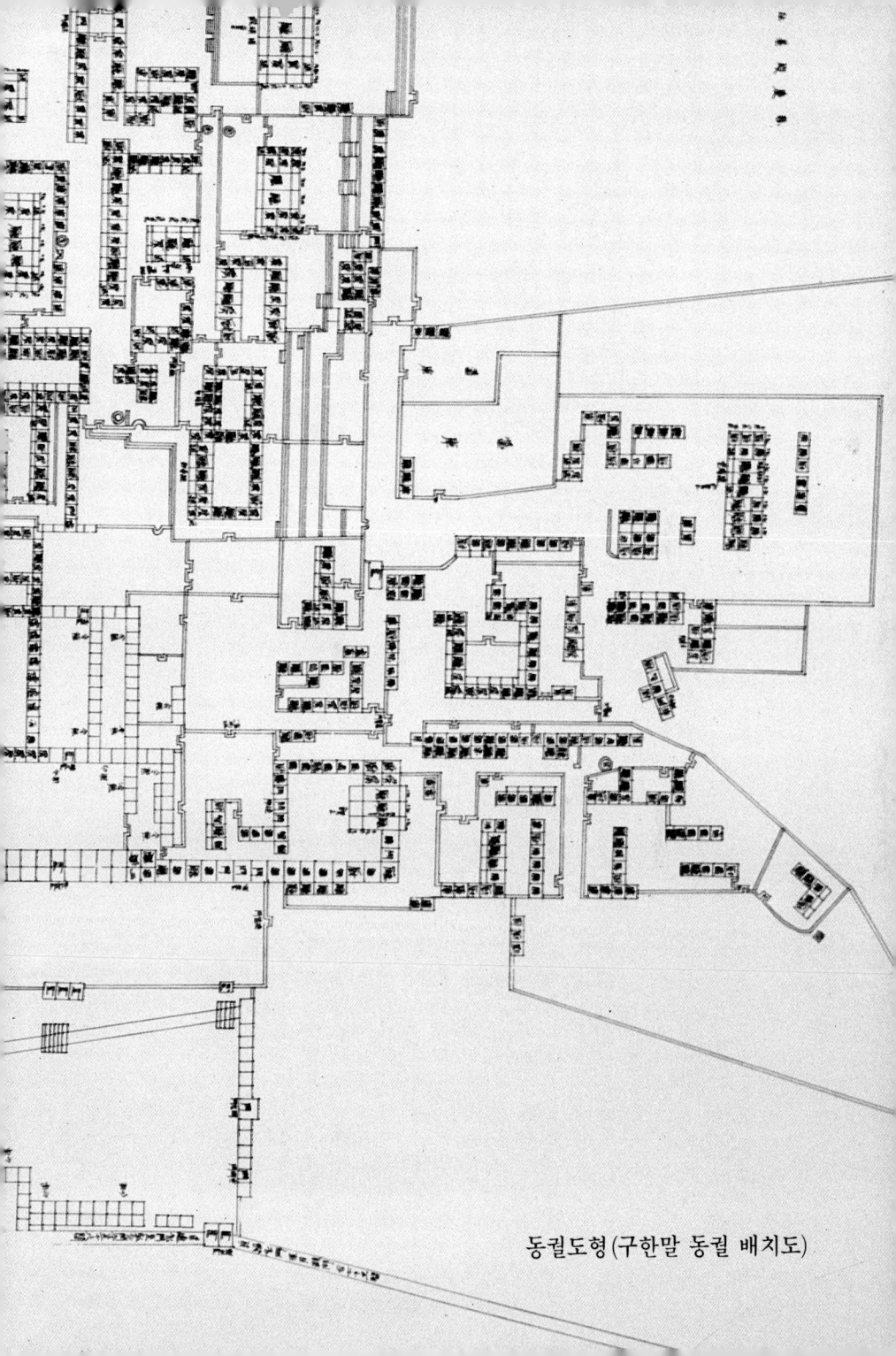

동궐도형(구한말 동궐 배치도)

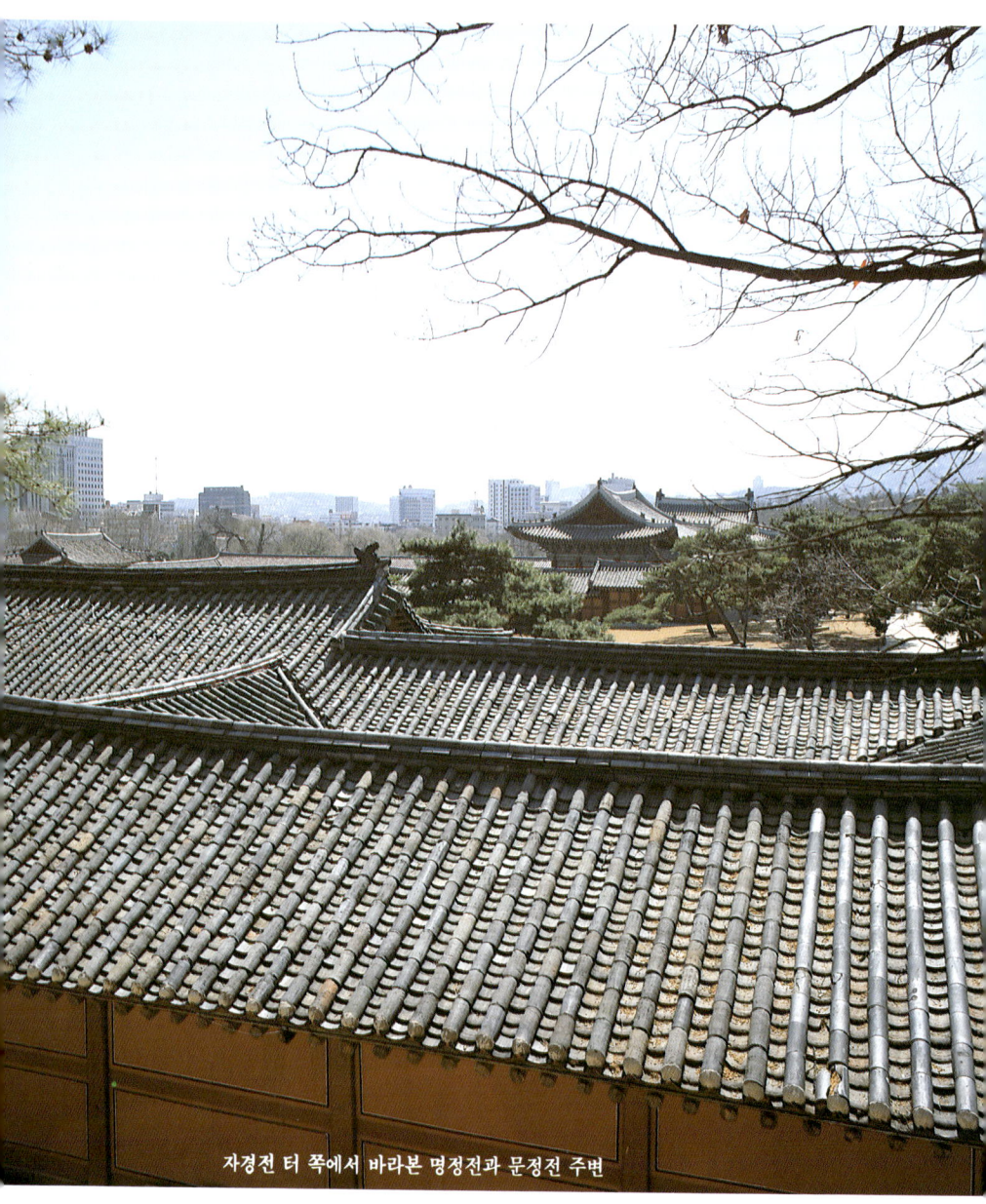

자경전 터 쪽에서 바라본 명정전과 문정전 주변

드디어 성종 15년 9월 27일 창경궁을 낙성(落成)하고 6승지에 명하여 수리 도감의 당상(堂上)과 낭청(郎廳)에게 음식을 대접하도록 하고 이어 홍문관 관원도 잔치에 참여하도록 명하였으며 장인(匠人)과 군인들에게도 음식을 주었다.

이 새로운 궁의 창건 역사를 담당한 부서는 권설아문(權設衙門)인 수리 도감으로서 도제조(都提調)에 이극배, 제조에 한계순, 김겸광, 정괄 등이었으며 전(前)제조는 윤사흔, 정문형이었고 와서(瓦署) 제조에는 성준, 김승경 등이었는데 10월 4일에는 각각 상(賞)을 주었다. 그러므로 창경궁 영건의 공역 기간은 성종 14년(1483) 2월부터 성종 15년 9월까지였으며 대왕 대비의 승하로 중지되었던 4개월을 제외하면 약 15개월이 소요되었다.

창경궁의 영건 과정에 대하여 다시 풀이하면 처음에는 대왕 대비의 소어처(所御處)가 마땅치 않아 난처한 일이 있은 다음 선정전을 고쳐 짓고 창덕궁을 수리하겠다는 이유로 공사에 소요되는 자재(資材)를 수집하여 놓고 공사에 임박하여서는 창덕궁과 수강궁의 수리를 표명하였으며 실제 공사에 있어서는 수강궁의 수리 곧 신궁(창경궁) 창건의 대역사(大役事)가 있었다. 또한 당초에는 주로 대왕 대비(정희왕후)의 소어궁(所御宮)으로 신 궁의 공사를 시작하였지만 대왕 대비가 승하한 뒤로는 양전(兩殿;德宗妃, 睿宗妃)의 소어처로 공역되었다.

창경궁은 비록 두 대비의 소어처로 영건되었다 할지라도 외전(外殿), 내전(內殿) 이외에 승정원(承政院)을 비롯한 서연청(書筵廳), 빈청(賓廳) 등 궐 안 각사(各司)의 건물들도 구비되어 궁궐로서의 격식이 갖추어졌다. 궁이 낙성됨과 함께 소혜왕후, 안순왕후의 거처소로 정하고 담 밖에서 들여다보이는 것을 막기 위하여 장원서(掌苑署)로 하여금 빨리 자라는 버드나무를 많이 심게 하였으며 왕은 창덕궁에 거처하면서 정월, 동지 등 명절 때에는 백관을 거느

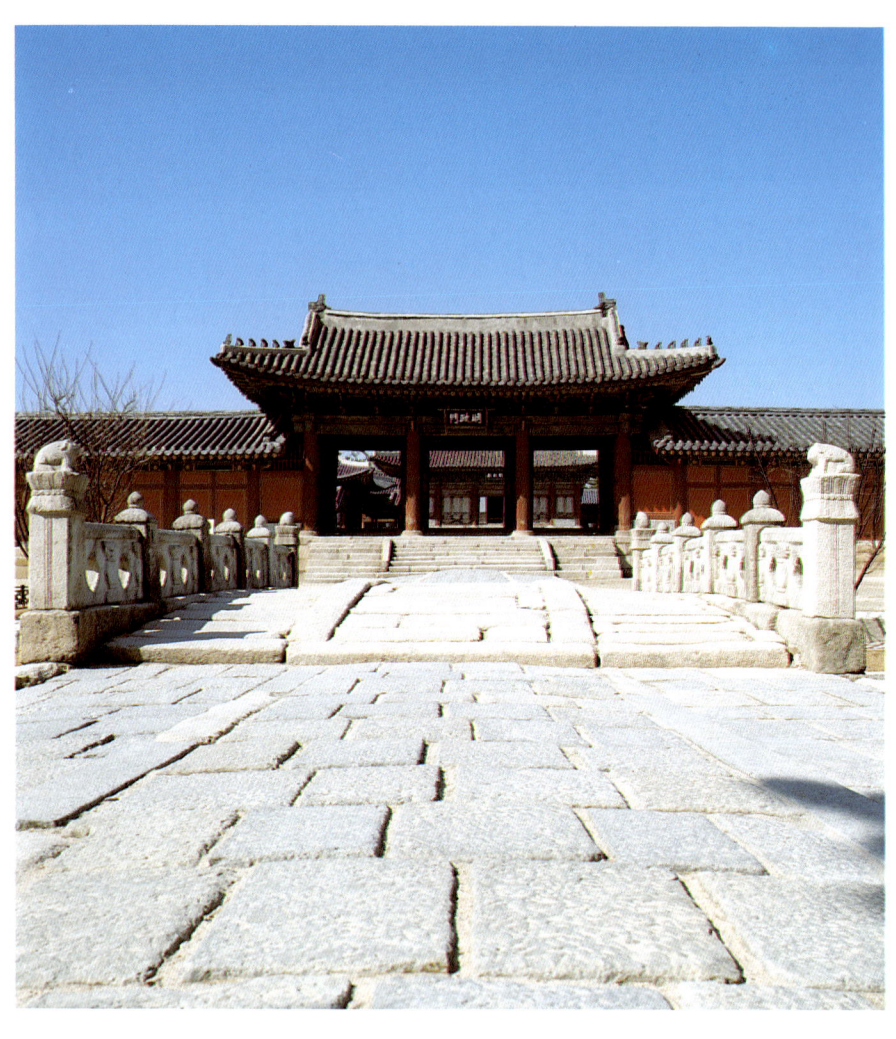

**명정문과 옥천교** 창경궁은 영건의 목적이 두 대비의 소어처였지만 외전과 내전말고도 승정원을 비롯한 여러 건물들이 구비되어 궁궐로서의 격식이 갖추어졌다.

리고 나가 하례하고 또 명정전에서 조회(朝會)를 받았다. 뿐만 아니라 처음 지을 때부터 승정원과 홍문관, 사옹원(司饔院), 사복시(司僕寺), 도총부(都摠府) 등 여러 관서의 시설을 갖추었기 때문에 역대 군왕이 때로 이어하면서 정사를 보기도 하였다.

창건 당시의 창경궁은 경복궁 및 창덕궁과 비교하는 기록들로 보아 창경궁보다 창덕궁이 수려하였고 창덕궁보다는 경복궁이 더 장려하였음을 알 수 있다. 물론 정궁과 이궁(離宮)들로서의 위계와 건립 당시의 시대성 등과도 관계가 있겠지만 기본적인 의장은 "내가 굉장하고 화려한 것을 좋아하지 않는데 이 궁궐은 낮고 작으며 튼튼하므로 내 마음에 바로 맞는다. 창덕궁을 감독한 자가 누구인지는 모르겠으나 그 제작이 지나치게 화려하다"라고 지적한 성종의 뜻과 창경궁 조성 때 "··· 무릇 궁궐은 마땅히 낮고 ··· 쓰일 곳이 많아야 할 것이며 높거나 크게 할 것은 없다"라고 하교하여 신 궁 건축의 기본을 제시한 데서 엿볼 수 있다.


# 서총대 건설

연산군은 창경궁 후원에 서총대(瑞葱臺)를 쌓았는데 서총대가 있던 곳에 대하여 「신증동국여지승람」 제1권에서는 "옥류천(玉流川) 남쪽에 있다"라고 하였고 「한경지략」에서는 "춘당대는 옛날 서총대라 하며 청양문 안에 있다. 곧 궁궐 안 후원이다" 하였다. 서총대라는 이름은 성종 때 이곳에서 한 줄기에서 아홉 잎의 파가 나왔으므로 '서총(瑞葱)'이라 하여 돌을 쌓아 배양한 데서 유래한 것이라 하며 이곳에 대(臺)를 쌓은 것이다(「한경지략」).

처음 연산군이 피서를 위하여 후원에 경회루와 같은 큰 대를 쌓으라고 명한 것은 연산군 11년(1505) 5월 7일이었는데 6월 12일에는 다시 축대의 일이 역졸(役卒)이 적어서 제대로 이루어지지 않는다 하여 외방 군인(外方軍人) 2,000명을 징발하여 공사를 진행하게 하였으며 이 달 26일에는 부역군의 수를 더 뽑아 일하게 하였는데 이때부터 서총대의 이름이 나타나고 있다.

당시 연산군은 유흥 행락을 일삼으며 창경궁의 인양전(仁陽殿) 재건, 장의사(藏義寺) 터에 이궁(離宮)을 건립하는 등 여러 가지 공사를 벌였기 때문에 서총대의 공역이 뜻대로 진행되지 않아 이듬 해 봄에 가서는 더 많은 인부를 동원하여 공사를 강행하였다. 이때 의 공사 규모를 「연산군일기」에서는 다음과 같이 기록하고 있다.

후원에 돌을 쌓아 대를 만들고 용을 아로새긴 돌로 난간을 만들 었는데 1,000명은 앉을 만하고 높이는 열 길이나 되었다. 이름은 서총대라 하고 그 앞에는 큰 못을 팠는데 100명이 감독하였고 역군이 수만 명이나 되어 일하는 소리가 밤낮으로 끊이지 않았으 며 그 소리가 천지를 진동하였다. … 서총대 앞 못은 길이가 열 길이나 되게 하여 큰 배라도 운행할 수 있게 하며 … 그때에 감역 관이 부역하는 백성을 감독하는데 혹 일을 빠졌다든지 혹 일을 하여도 과정에 달하지 않았다든지 하면 문득 형벌이 매우 가혹하 였으므로……

연산군이 그렇게 큰 공을 들여 강행하던 서총대의 호화 공사는 그 12년 9월 폐위와 함께 중단되었고, 중종은 그 2년(1507) 윤 1월 5일 서총대를 철거하도록 명하였다. 그러나 완전히 철거되지는 않은 듯 뒷날 명종은 그 15년(1560) 9월 "서총대에 나가서 문무 관원들과 함께 연회를 베풀었는데 이때 무신들은 활을 쏘아 우열을 가리고 문신들은 왕과 함께 율시를 지어 화답함으로써 흥겨웁게 하루를 보내다가 저물어서야 촛불을 밝히고 각기 돌아가게 하였

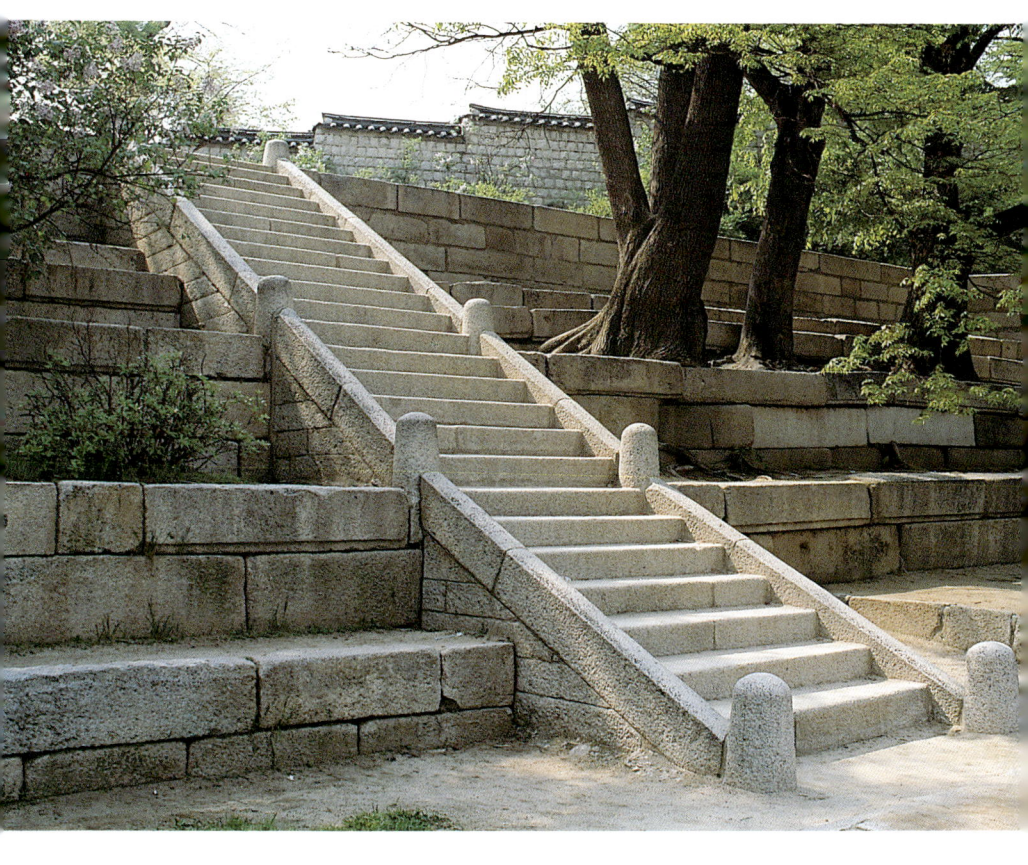

**후원의 화계와 계단**  창경궁은 이궁으로서 창덕궁이나 경복궁보다 소박한 조형을 보인
다. 통명전 서쪽 후원에는 장대석으로 화계를 쌓고 여기에 계단을 놓아 창덕궁으로
통하게 하였다.

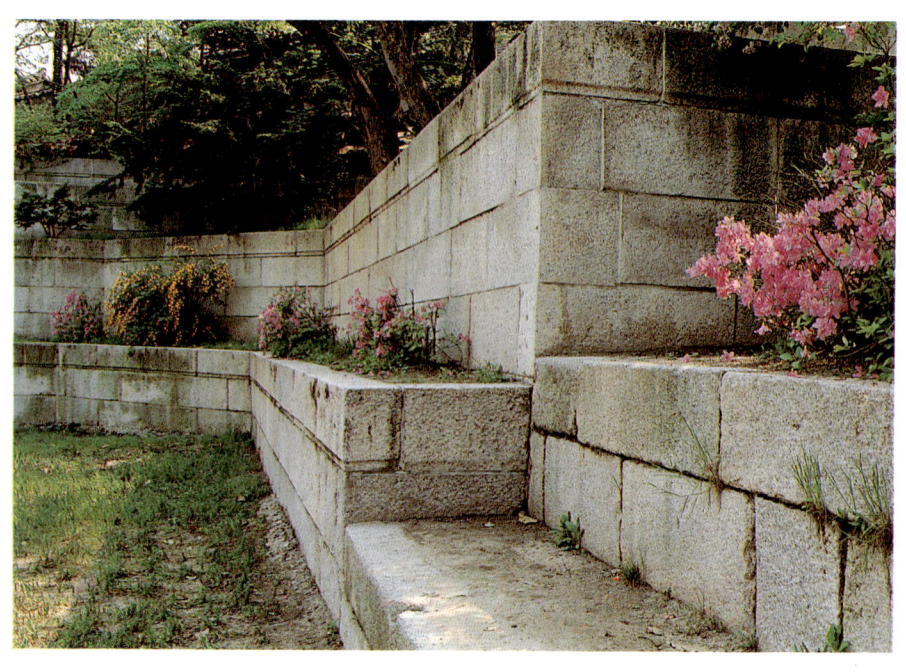

**화계** 창경궁은 창건 이후로 수많은 훼철을 겪은 궁 가운데 하나로 계속되는 중수와 중건을 거쳐 오늘에 이르고 있다. 통명전 후원의 잘 다듬어진 화계이다.

다"는 것이다. 그 뒤 정조는 19년(1795) 3월 "제 학사들을 불러 금원(禁苑)에서 곡연(曲宴)을 하고 서총대에서 활쏘기를 하였다" 하였으므로 서총대의 이름은 계속 남아 군신 사이의 연회 및 시사 열무(試士閱武)의 장소로 사용되었음을 알 수 있다.

중종 39년(1544) 10월 중종은 세자(仁宗)를 위하여 명정전에서 성대한 연회를 개최하였으며 11월 15일 환경전에서 승하하였다. 중종의 뒤를 이어 인종이 명정전에서 즉위식을 거행하였으며 명종 의 비 인순왕후(仁順王后)는 선조 8년 통명전에서 승하하였다.


# 임진왜란 때의 화재

창경궁이 창건된 지 100여 년 뒤인 임진년에 미증유의 대환란인 왜란(倭亂)이 일어났고 이 왜란으로 말미암아 전국이 말할 수 없는 참극을 겪게 되었다.

왜군(倭軍)들은 선조 25년(1592) 4월 13일 부산을 함락하고 25일 상주를 거쳐 26일 함창, 문경을 함락하고 새재를 넘어오니 한성의 인심은 흉흉하였다. 4월 28일 선조는 대신, 대간들을 소집하 여 피난을 논의하자 신하들은 피난은 불가하고 도성을 고수할 것을 주장하였으나 29일 충주의 패배가 전해지면서 재차 회의가 소집되 어 "사세가 급하니 평양으로 잠시 피난하였다가 수복을 도모함이 좋겠다" 하여 다음날 선조는 왕비, 세자와 더불어 몽진(蒙塵)하게 되었다. 칠흑 같은 새벽에 도성을 떠나 서대문을 나서자 난민들은 공사(公私) 노비의 문적(文籍)이 있는 장예원(掌隷院)과 형조(刑 曹)의 건물을 비롯하여 각 궁궐과 관아(官衙)를 방화하고 약탈하였 으며 곧 이어 입성한 왜군들에 의하여 경복궁, 창덕궁, 창경궁 및 종묘가 모두 소실되는 비운을 겪게 되었다.

# 창경궁 중건

매우 어려운 상황 아래 환도한 선조는 정릉동 행궁(貞陵洞行宮 ; 뒤에 慶運宮이라 하였다가 德壽宮이라 함)에 임시 거처하면서 좀처럼 궁궐을 재건치 못하다가 선조 38년(1605) 4월에 와서야 종묘와 궁궐의 중건 문제를 논의하게 되었고 종묘, 궁궐 중건의 참고 자료로서 과거의 문서와 경과들을 조사하였다.

다음해 5월에는 종묘와 궁궐의 공사를 담당할 영건 도감(營建都監)이 설치되어 공사가 진행되었으나 선조는 준공을 보지 못하고 그 41년(1608) 2월 정릉동 행궁에서 승하하였다. 그리하여 광해군 즉위년(1608) 5월에는 종묘가 중건되었고 10월에는 창덕궁의 주요 건물이 대체로 중건되었다.

창경궁 중건에 대한 논의와 계획은 광해군 초 창덕궁의 중건 공사가 끝날 무렵부터 있었으며 광해군 2년경 창덕궁의 미진한 부분에 대한 보완 공사와 함께 창경궁의 일부 공사가 있었던 것으로 보인다. 그러나 광해군은 창덕궁을 중건하고서도 노산군(魯山君;端宗)과 연산군의 폐출이 있었던 곳이라 하여 약 2개월 동안 거처하다가 다시 경운궁에 머물렀는데 영창대군(永昌大君)이 강화도에 위리(圍籬)중 참해를 당하였고, 국내 물정이 불안하며 시어소인 경운궁에서도 여러 가지 요변이 생기니 그 7년(1615) 4월에 광해군은 창덕궁으로 이어하고 본격적으로 창경궁의 중건에 착수하였다.

광해군은 창경궁의 영건을 명하고 선수청(繕修廳)을 선수 도감(繕修都監)으로 승격시키는 동시에 우의정 정창연을 도제조에, 병조 판서 박승종, 공조 판서 이상의, 호조 판서 이정구 등을 겸제조로, 이이첨, 이성, 이각, 권분, 장만 등을 제조, 이충을 부제조(실무 담당)로 삼고 이 방면에 실적이 있는 사람들을 감역관(監役官) 등에 임명하였다.

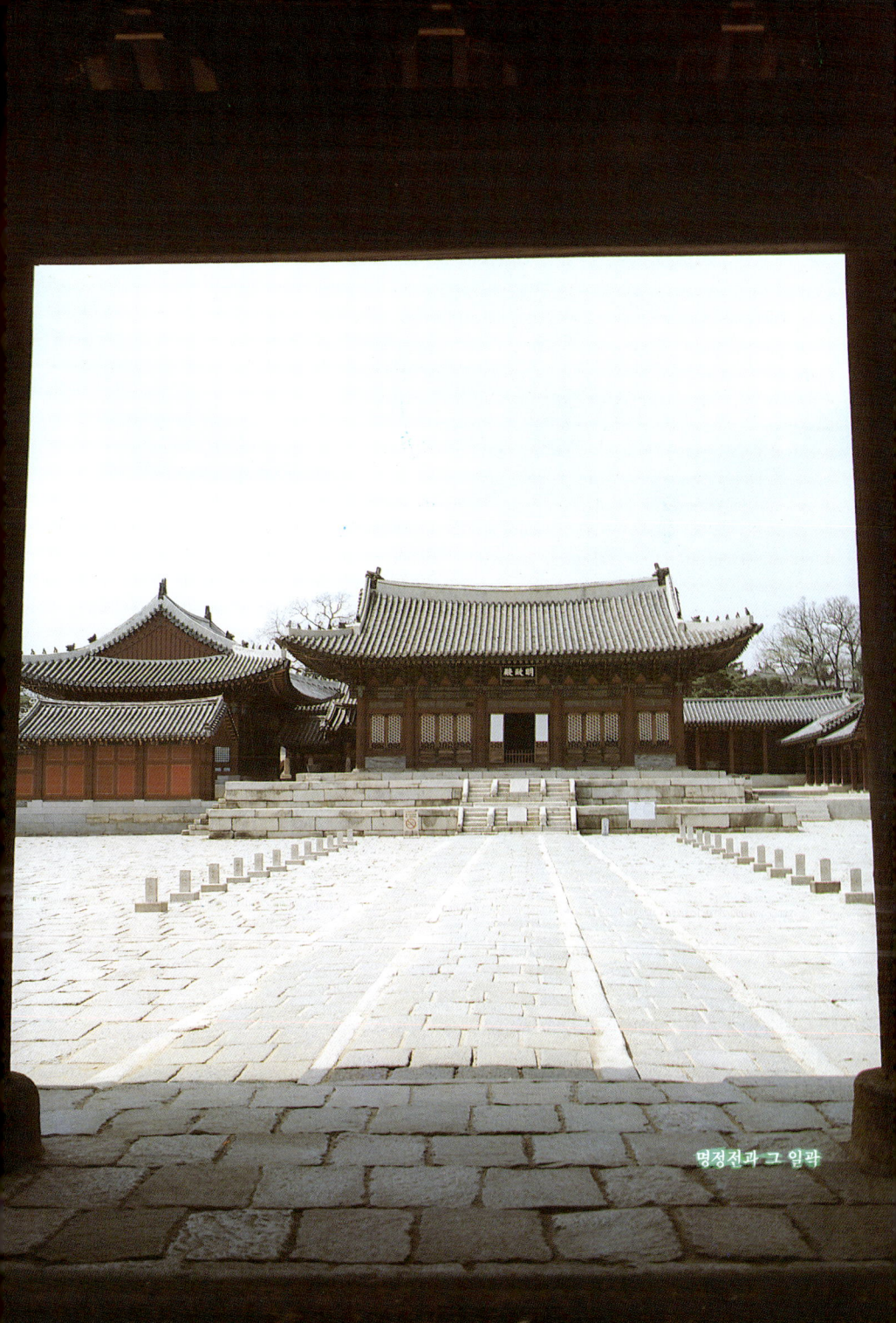

명정전과 그 일곽

창경궁 영건의 명이 내리자 백성이 곤궁하고 재정이 고갈된 이때 궁궐의 영건은 불가하다는 대간의 즉각적인 반대가 있었고 약 1개월에 걸쳐서 연일 논쟁이 거듭되어 이로 인하여 조정이 한때 소란해지므로 왕은 부득이 공사를 단념하겠다는 전교(傳敎)를 내리게 되었다. 그러나 창경궁의 역사가 아주 폐지된 것이 아니고 예정보다는 늦었지만 공사는 시작되었다. 특히 다른 공역에서는 호조에서 재료를, 병조에서는 역군을 담당하였으나 이 공사에서는 병조에서 인부 고용과 자재 구입까지 담당하여 경비, 인력의 최대한 절약을 기하도록 하였다. 그런데 이 창경궁 중건 공사에 있어서는 공사 도중에 건축상의 몇 가지 문제가 있었다.

먼저 문제가 된 것은 명정전의 좌향(坐向)을 어떻게 하느냐는 것이었다. 성종 때 창경궁을 창건할 때부터 외정전인 명정전은 일반적인 궁궐의 정전이 남향하고 있는 것과는 달리 동향하여 세워졌으므로 이때 중건함에 있어서도 선수 도감에서는 옛터에 맞추어 동향하여 건립하려고 하였다. 그러나 풍수술가(風水術家)인 김일손 등은 명정전의 향을 남향으로 바꾸어야 한다고 상소하였던 것이다.

이에 대하여 도감에서는 "당초 창경궁을 창건할 때에는 반드시 안식이 높은 사람들이 있어 동향하였을 것이니 지금에 와서 조종(祖宗)의 옛 제도를 경솔히 고치는 것은 부당하며 또 다른 술관들은 모두 옛터대로 동향이 길하다고 할 뿐더러 함춘원(含春苑)의 남쪽 언덕은 경복궁, 창덕궁, 창경궁 및 종묘의 내청룡 맥에 해당되므로 마땅히 보호할지언정 절단해서는 안 됩니다"라고 반대하였다. 여기서 왕은 지방의 여러 술관들을 불러 상세히 변론하게 하며 또 창건 당시의 전교, 계사, 술관 논의 등을 「실록」에서 상세히 살피게 하여 몇 개월 동안의 논란 끝에 결국 명정전의 좌향 문제는 옛터대로 동향하기로 하였다.

한편 문정전의 중건 공사에 대해서도 다른 의견이 있었다. 문정전

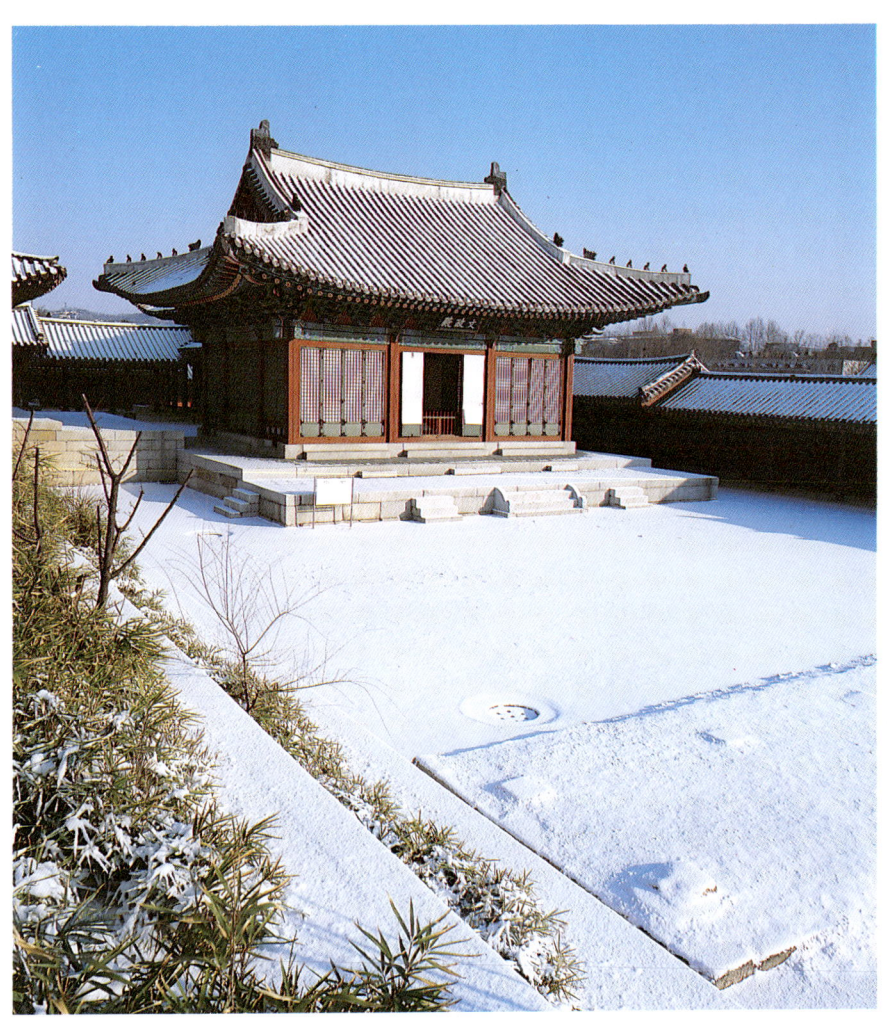

**문정전 전경**　문정전은 창경궁 창건 때부터 명정전에 인접하여 그 남쪽에 있었고 명정
전과는 달리 남향하고 있었으며 기둥들은 일반적인 둥근 기둥이 아니라 네모 기둥을
사용하였다.

은 창경궁 창건 때부터 명정전에 인접하여 그 남쪽에 있었고 명정전과는 달리 남향하고 있었으며 기둥들은 일반적인 둥근 기둥이 아니라 네모 기둥을 사용하였다.

옛날 규모와 제도대로 중건한다는 당초의 계획대로 공사를 진행하여 거의 목구조가 마무리될 무렵인 광해군 7년 11월에 왕으로부터 "문정전은 법전(法殿)이므로 둥근 기둥을 써야 할 터인데 지금 네모 기둥으로 조립하였으니 불가하다. 둥근 기둥으로 고칠 것이며 좌향도 옛날의 남향 그대로 하지 말고 동향으로 하는 것이 편할 것 같다"는 지시가 있으니 큰일이 아닐 수 없었다. 그리하여 선수도감과 사간원에서는 옛날의 모난 초석에 맞추어 네모 기둥으로

문정전 기둥과 창호(옆면)
문정전 기둥과 주초석(아래)

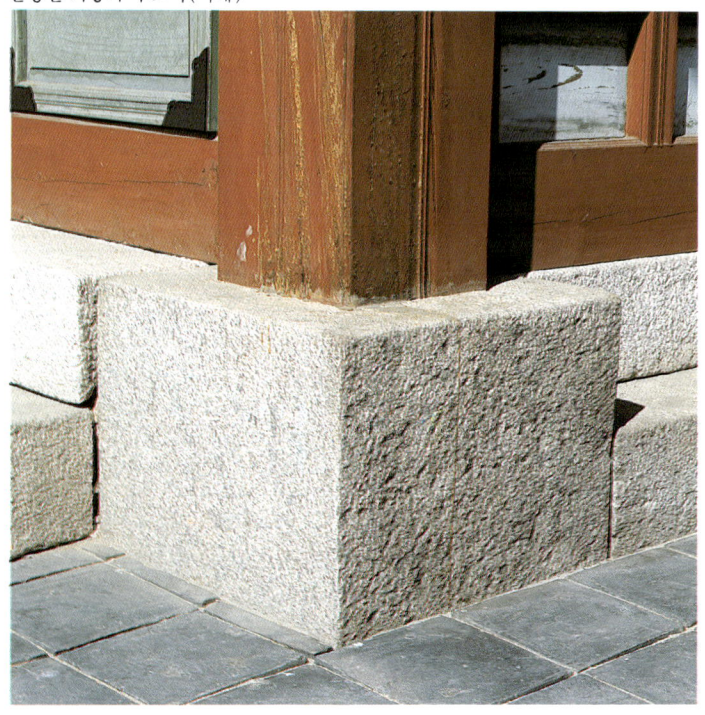

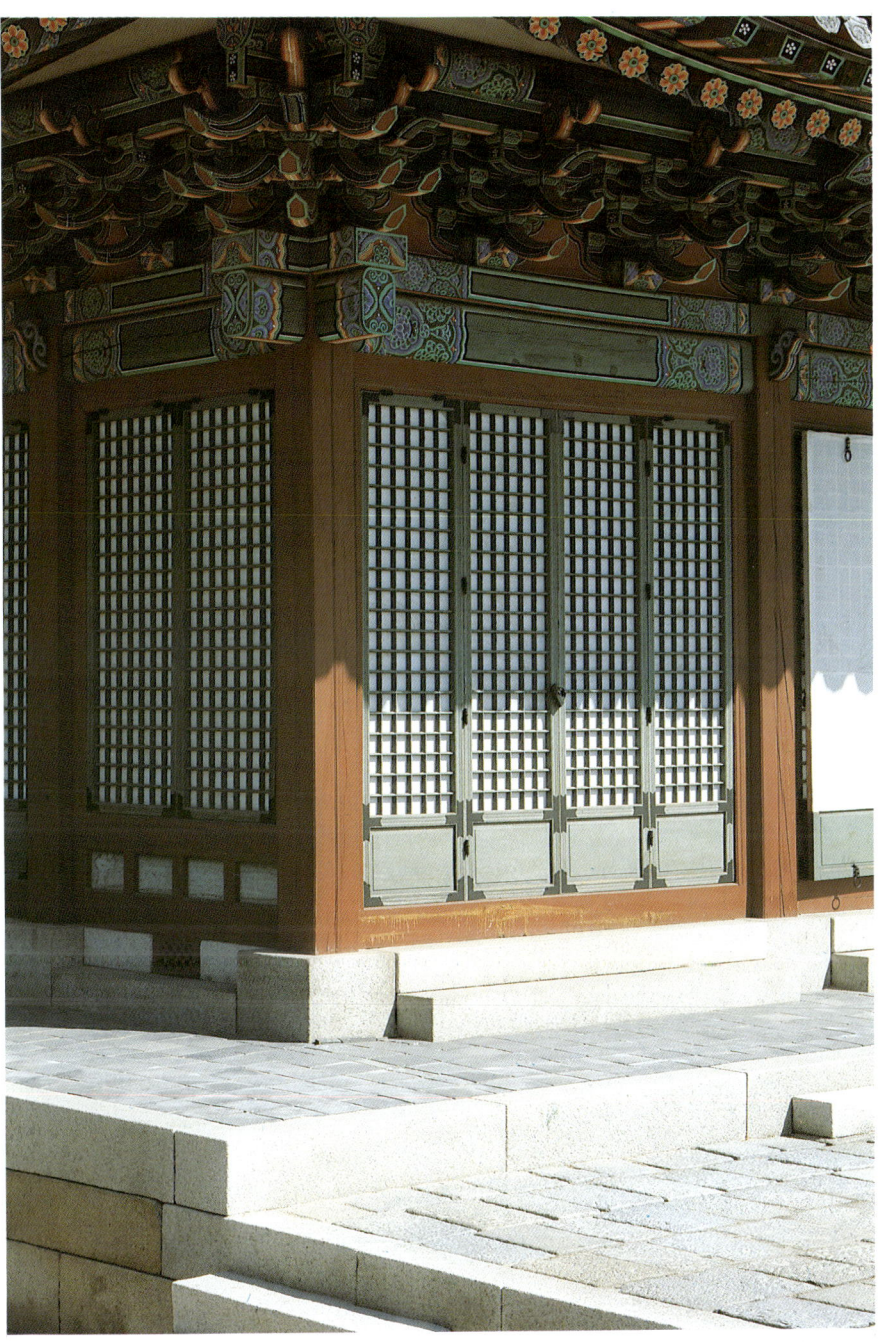

조립하였는데 둥근 기둥으로 고치려면 기둥과 초석은 물론 모든 용재를 거의 다시 마련하여야 하는 난처한 입장을 아뢰면서 "명정전은 임조 청치(臨朝廳治)의 곳으로 정전이며 정전은 궁궐에 하나씩만 있게 마련입니다. 문정전은 경연(經筵)을 하고 신하를 인접하는 편전(便殿)이므로 명정전과 병립할 수가 없습니다. 만일 문정전도 동향으로 하고 명정전과 나란히 세운다면 정전이 둘이 되므로 옳지 않습니다. 조종이 문정전을 정전의 옆에 남향으로 하고 기둥의 제도를 네모 기둥으로 하여 따로 소전(小殿)을 건립한 것은 정전과 구별하기 위한 뜻이 있는 것입니다. 옛터를 헐어서는 안 되며 중도에 옛 제도를 변경하여 경비와 인력을 2중으로 곤핍하게 할 필요가 없습니다"라고 강력히 주장하였다.

이에 대해 왕은 "문정전의 좌향에 대하여는 참작하여 하겠다. 둥근 기둥으로 고치는 것이 무엇이 백성을 곤핍하게 하는 것인가? 지나친 말이다"라고 반대하였다. 그러나 사간원은 "문정전의 옛 초석은 상존하고 있으며 그 터가 아직 완연하여 옛 제도가 네모 기둥인 것은 의심할 바가 없습니다. 지금 만약 둥근 기둥으로 고친다면 폐가 많고 역사가 거대하여집니다. 좌향을 참작한다면 기둥 또한 가볍게 바꿀 수 없습니다. 선왕의 제도를 고치어 사치하게 하지 마소서" 하고 끈기있게 주청하여 결국 문정전도 옛 제도 그대로 하게 되었다. 이로 인해 공사가 반 년이나 늦어졌다

명정전과 문정전 앞마당의 박석(薄石) 설치는 경기, 황해도에 추가 배정된 박석이 수납되지 못하여 우선 경복궁 뜰에 있던 박석을 걷어다가 깔았다.

광해군 7년 4월부터 시작된 중건 공사는 그 8년 11월경까지 약 1년 반의 기간이 걸렸으며 이때 중건된 건물들은 명정전, 문정전, 환경전, 인양전 및 월랑(月廊), 아문(衙門) 등과 그 전에는 없었던 새로운 별당 등이었다.

# 인조 때의 화재와 재건

광해군의 중건이 있은 뒤 얼마되지 않은 광해군 15년(1623) 3월 12일 인조 반정(仁祖反正) 때 광해군을 찾아 헤매던 의거군 (義擧軍)의 횃불이 침전에 인화되어 창덕궁 내전이 소실되었다. 이때 창덕궁에 연접되어 있던 저승전(儲承殿)이 불에 탔고 그로부터 약 1년 뒤인 인조 2년 2월 반정 공신의 한 사람으로 논공 행상에 불만을 품어오던 평안 병사(平安兵使) 이괄 등이 반란을 일으켜 서울로 쳐들어오니 관군이 방어에 손을 쓸 사이도 없이 2월 10일 서울은 반란군의 수중에 들어가게 되었다. 형세가 급박해지자 인조 는 한강을 건너 피난하게 되었는데 이때 반란군이 불을 질러 창경궁 의 통명전, 양화당, 환경전 등이 소실되었다.

이괄의 난이 평정되고 왕은 다시 환도하였으나 창경궁의 명정 전, 문정전, 여휘당, 취한정 외에 나머지 전각은 거의 화재를 당하였 고 그 전에 창덕궁 내전도 소실되었으므로 왕은 경덕궁(慶德宮;뒤에 慶熙宮으로 개칭)에 거처하였다. 뒤이어 명, 원나라와의 복잡한 외교 관계 및 정묘호란과 인목대비(仁穆大妃)의 승하 등 국내외에 일이 많아 궁궐의 중건을 계획치 못하다가 인목대비의 장례가 끝나고서 부터야 소실된 두 궁궐의 복구가 논의되었으며 인조 11년에 와서 본격적으로 공사를 준비하게 되었다.

창경궁 수리에 대한 왕명이 내려지자 창경궁 수리소(昌慶宮修理 所)라는 임시 기구를 설치하게 되었고 창경궁 수리소에 의해 주관된 중건 공사는 인조 11년(1633) 4월 3일부터 시작되었다. 이때 공사 는 대부분 인경궁(仁慶宮;사직단 근처에 있던 궁)의 건물을 헐고 그 목재와 기와 등을 가져다 창경궁의 전각을 짓는 일이었으므로 공사는 빠른 속도로 진행되어 4월 18일에는 통명전, 환경전, 양화당 등의 기둥이 세워졌다. 4월 21일에는 상량(上樑)이 이루어졌으며

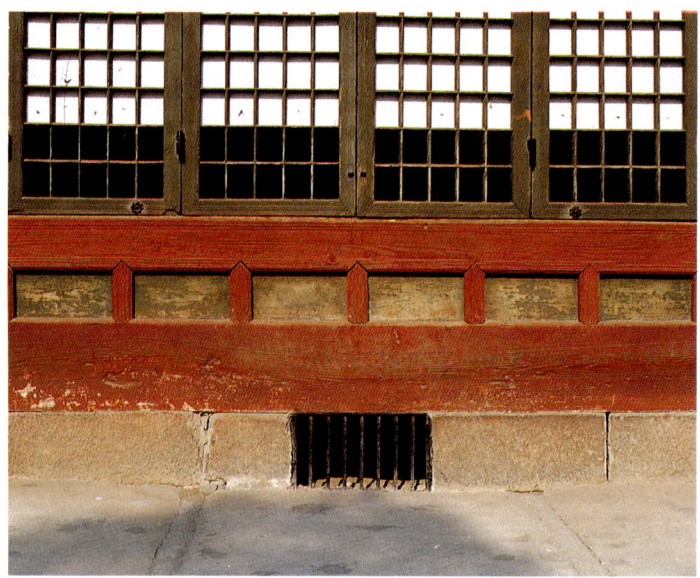

통명전 창호와 풍혈

그 뒤로 부속 행각이 세워지고 각 건물의 창호 설치와 단청 공사 등이 진행되어 7월 20일에는 공사가 끝나고 7월 25일에는 왕이 창경궁으로 이어하였다. 이때의 공사 내용을 정리하여 「창경궁수리 소의궤」를 간행하였다.

인조 13년에는 인조비 인렬왕후(仁烈王后)가 통명전 서쪽에 있던 여휘당에서 승하하였고 다음해에는 병자호란이 일어나 왕이 남한산 성으로 피난하였다가 환궁하였다.

인조 26년(1648) 4월에는 저승전의 공사가 완공되었는데 저승전 은 동궁(東宮) 곧 왕세자의 처소였다. 저승전은 인조 반정 때 창덕궁 내전이 소실되면서 함께 소실되었는데 창덕궁 수리 공사가 진행중 이던 인조 25년 8월에 공역이 시작되어 이때 끝나게 되었다.

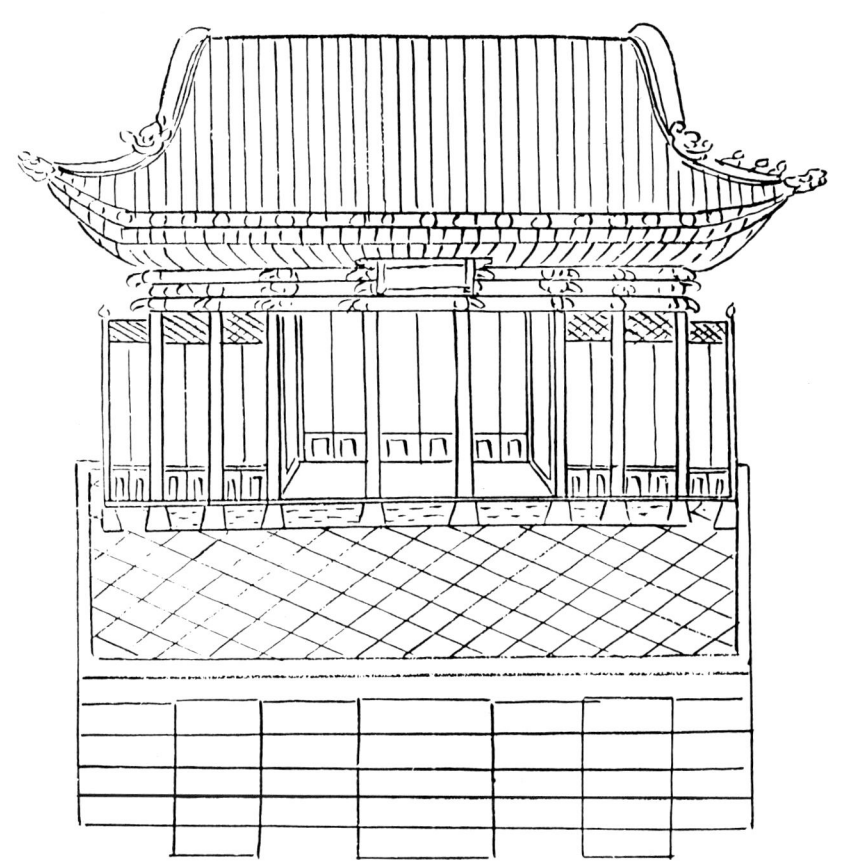

**통명전 정면도** 「창경궁영건도감의궤」에 실려 있는 그림이다. 통명전은 창경궁 내전의 정전으로 창경궁 안 내전의 전각 가운데 가장 규모가 크다.

# 효종 때부터 영조 때까지의 건축과 화재

인조 다음 대인 효종 3년(1652)에는 명정전, 숭문당, 통명전, 양화당, 경춘전, 여휘당, 취선당, 함인정 등 30여 동의 수리가 있었던 것으로 보이며 효종 7년에는 숙안(淑安), 숙명(淑明), 숙휘(淑徽), 숙정(淑靜) 등 네 공주의 거처소로 요화당(瑤華堂), 취요헌(翠耀軒), 난향각(蘭香閣), 계월각(桂月閣)을 새로 지었는데 이 건물들은 지금의 영춘헌 동쪽에 있었던 통화전에 인근하여 있었다.

현종 11년(1670)에는 난향각의 서북쪽에 건극당(建極堂)을 건립하였고 숙종 12년(1686)에는 함인정 서쪽에 취운정(翠雲亭)을 건립하였으며 숙종 14년 10월 28일에는 장소의(張昭儀;뒤에 희빈에 오름)가 지금의 낙선재 부근에 있었던 취선당에서 원자(元子; 경종)를 낳았다. 숙종 43년 7월에는 왕세자로 하여금 정사(政事)를 대리토록 하여 왕세자는 시민당에서 정사를 보기도 하였으나 즉위한 지 얼마되지 않은 1724년 8월 25일 통명전 뒤쪽에 있던 환취정에서 승하하였다.

영조 26년(1750) 왕은 세자에게 대리를 명하여 중요치 않은 정사는 세자에게 위임하고 중요한 정사만 직접 결재하였는데 왕은 대개 환경전에서 정무를 보고 세자는 시민당에서 정무를 보았다. 또한 숭문당에서는 태학생(太學生)들을 불러 친시(親試)를 행하고 어주(御酒)를 하사하였으며 함인정에서는 문, 무과의 장원 급제자들을 접견하고 명정전에서 조하(朝賀)를 받았다.

영조는 또 여러 해 동안의 숙폐이던 양역(良役) 세제(稅制)를 개혁하기에 고심하였는데 그 26년 5월 홍화문에 나와 한성 시내 5부의 백성들을 친히 불러 호포(戶布;戶別稅)와 결포(結布;取得稅) 중 어느 것이 편리한가를 물으니 혹은 호포가, 혹은 결포가 편하다 하여 결론을 얻지 못하고 7월에 다시 홍화문에 나와 백관과 사서

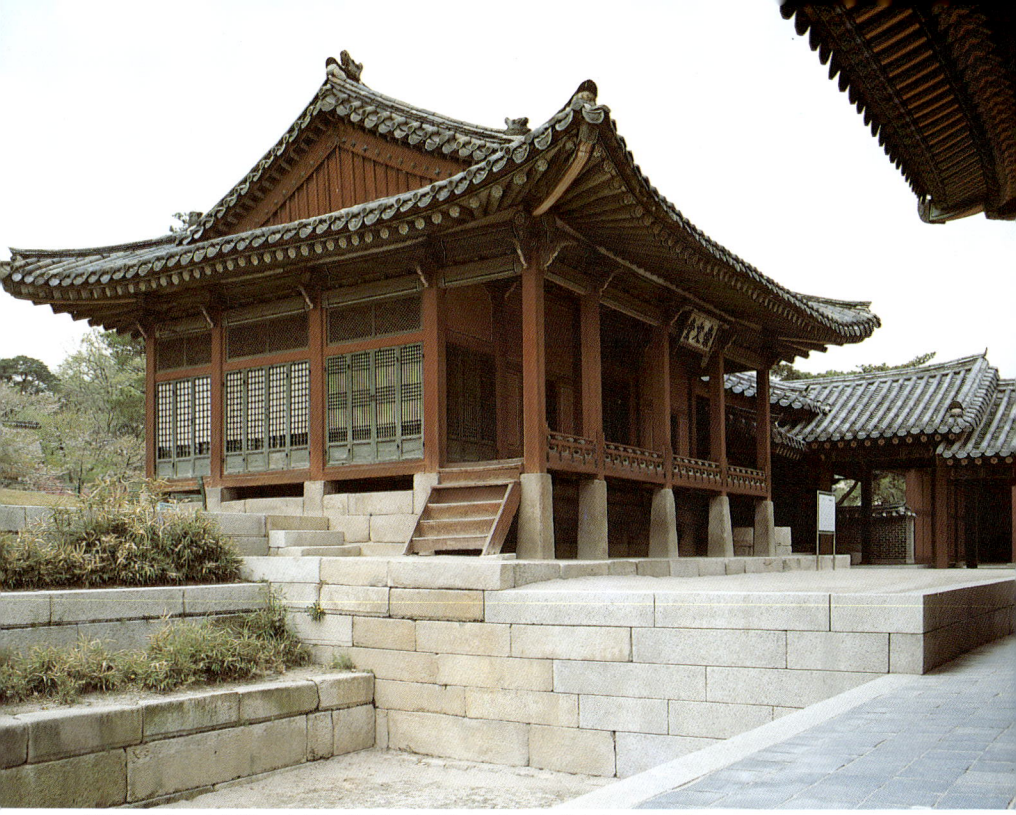

**숭문당 전경** 전면에는 간단한 의식을 거행할 수 있도록 월대를 구성하였다.

(士庶)들을 불러 자문하였다. 결국 왕은 명정전에 친림하여 하교하
되 "호포나 결포나 모두 현재 징수하는 세금을 반으로 감하라"고
하였으며 그 결과 국가 수입의 부족이 생겨 궁중의 경비 절약으로
명정전으로부터 환경전을 거쳐 통명전에 이르는 궁중 행로의 등촉
(燈燭)과 월랑으로부터 양정각을 거쳐 저승전에 이르는 궁중 행로의
등촉을 줄이고 왕궁과 왕자의 궁에도 세금을 징수하도록 하였는데
이 계획은 이로부터 2년 뒤에야 시행되었다 한다.

　　영조 32년에는 저승전 낙선당에서 화재가 발생하여 명정전 남쪽
과 낙선재 주위에 있던 청음정, 경극당, 양생각, 취선당, 숭경당 등이
화재를 당하였다.

# 자경전 건립

정조는 원년(1776) 3월 건립된 지 오래 되어 퇴락된 곳이 많은 창덕궁, 창경궁을 수리하기로 하고 구윤옥을 공조 판서에 임명한 뒤 "공역은 간소하게 하며 사치하게 보이지 않도록 하라"고 명하였다. 5월에는 통명전 북쪽 언덕 위에 자경전(慈慶殿)을 건립하였는데 이곳은 그의 생모인 경의왕후(敬懿王后;혜경궁 홍씨, 사도세자의 妃)를 모시기 위함이었다.

그 뒤 정조는 창경궁으로 이어하고 그 3년에는 창경궁 건너쪽에 있는 경모궁(景慕宮;生父인 사도세자의 묘로 현 서울대학교 부속병원 북쪽 지역에 있었음)에 참배하러 다니기 좋도록 홍화문 북쪽에 담장을 헐고 월근문을 건립하여 경모궁의 일담문으로 통하도록 하였으며 그 9년에는 수강재(壽康齋)를 건립하였는데 그곳은 태종조의 수강궁 옛터인 까닭에 이름하였다 한다.

정조 14년 정월에는 다시 통명전과 여휘당이 소실되었으며 그 18년에는 구 홍문관을 주자소(鑄字所)로 사용하고 있다. 정조는 등극하자 창경궁 건너쪽 곧 함춘원에다 경모궁을 건립하고 비참한 죽음을 당한 아버지의 묘궁(廟宮)을 항시 바라다볼 수 있는 곳에 어머니가 거처할 전각을 지었으며 자신도 창경궁으로 거처를 옮겼으므로 결국 이때의 창경궁은 정조가 부모를 모시고 지냈던 궁이라 할 수 있다. 정조는 재위 24년(1800) 6월 영춘헌에서 승하하였다.


# 순조 때의 화재와 재건

순조는 정조 14년 영춘헌의 서행각인 집복헌에서 태어났고, 사도세자비인 경의왕후는 순조 15년 경춘헌에서 승하하였다. 정조비인 효의왕후는 순조 21년 양화당 북쪽에 있는 자경전에서 승하하였고 헌종은 순조 27년 경춘전에서 태어났다.

순조 30년(1830) 8월 1일 오전, 창경궁 내전 대부분의 건물이 소실되는 화재가 발생하였는데 그 원인은 세자(익종으로 추존)가 이 해 5월 6일 별세하여 빈궁(殯宮)으로 환경전을 사용하고 있었는데 그 첨보각에서 화재가 발생하여 환경전은 물론 함인정, 공묵각, 경춘전, 영춘헌, 5행각, 빈양문, 숭문당 등이 모두 함께 소실되었던 것이다.

이듬해인 순조 31년 7월 재건 문제가 논의되어 공사의 총지휘 본부로 도감(都監)이 조직되고 도감의 사무실을 창경궁 안 주자소에 마련하여 이 달 21일부터 공사가 시작되었으나 곧 중단되었다. 경기도 지방을 중심으로 한 심한 가뭄으로 서울에 도적이 횡행하였으며 또한 평안도 안주에 큰 불이 나서 민가 약 400여 호를 태우는 등 천재 지변으로 인심이 흉흉하여 임진년 8월 8일 대신과 비변사의 당상이 모인 자리에서 영의정 남공철이 임금께 고하여 "지금은 백성이 굶어 죽을 지경이니 궁궐 재건 공사를 잠시 멈추고 백성을 먼저 긍휼할 것"을 청함으로써 중건 공사는 중단되기에 이른 것이다.

정역 뒤 약 14개월이 지난 순조 33년 10월 27일 치목이 다시 시작되면서 본격적인 창경궁 영건 공사가 재개되어 이듬해 4월 20일에는 공사가 끝났는데 이때 중건된 건물은 환경전, 함인정, 경춘전, 양화당, 숭문당, 영춘헌, 연희당, 연경당 등과 정조 14년에 소실되었던 통명전, 여휘당 등이 함께 중건되었으며 그 공사 내용을 정리하여 「창경궁영건도감의궤(昌慶宮營建都監儀軌)」를 간행하였다. 따라서 현재 남아 있는 내전의 건물들은 이때 영건된 것인데 당시의 중건 공사는 모두 새로운 재료를 구해서 영건한 것이 아니라 순조 30년 화재 때 타다 남은 재료를 수습해 재사용하고 또한 장남궁, 홍두원 등을 철거하여 그 자재들을 옮겨다 사용하였다 한다.

창경궁 중건 공사가 있었던 순조 30년에서 순조 34년 사이에는 경희궁의 중건 공사와 창덕궁의 중건 공사가 겹쳐 있었던 때였다. 곧 이 시기는 조선조 후기 어느 시대보다도 궁궐의 공사가 많았던 때였으며 이것은 건축 기술이 크게 축적되었고 이 공사들을 수행해 나갈 기술 인력이 성숙되어 있었음을 보여주고 있다 하겠다.

창경궁 중건 및 보수 공사의 총책임자인 제조(提調)로는 정2품 호조 판서인 조만영이 임명되었다. 또한 관리직, 기술직, 잡역직 등 1,580여 명이 동원되어 공사를 담당하였으며 총 13만 1,200냥 (당시 쌀 1섬이 약 3냥이었던 것으로 추정하고 있음)이 지출된 것으로 보인다.


## 조선 말기의 창경궁

철종 8년(1857) 11월에도 화재가 발생하여 선인문, 동북소부장청, 위장소, 주자소 등 62칸의 건물이 화재를 당하였다.

창경궁은 창덕궁과 연접되어 있으며 또 사잇문을 통하여 왕래하였기 때문에 한 궁궐과도 같은 곳이다. 따라서 창덕궁이 대개 왕의 거처소로 사용되었으므로 창경궁도 역시 왕이나 왕가의 출입이 잦았고 수호도 잘 되어 왔다.

고종이 즉위하여서도 창덕궁에 거처할 때에는 자주 이 창경궁에 나와 명정전, 통명전은 물론 영춘헌 주위의 자연 풍경이 좋은 곳에서 신하들과 함께 경전(經典), 사기(史記)를 강론하기도 하였으며 경복궁을 중건하고 거처를 그곳으로 옮긴 뒤에도 창경궁의 수리는 계속되었다.

고종 13년(1876) 11월에는 경복궁에 큰 불이 일어나 내전 일곽이 소실되고 궁중의 재변이 잇달아 일어나므로 왕실과 조정은 임시

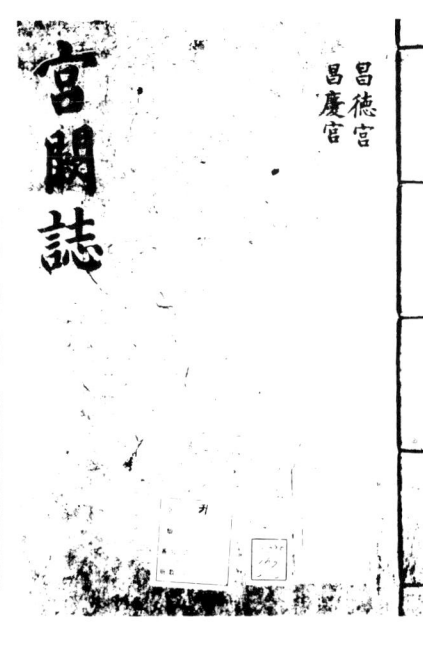

昌德宮
昌慶宮

宮闕誌

式道里通三間十四尺式門內有禁川橋南邊有
營軍直所二十間今無
南行閣二間通十九間合三十八間東有鑄字所十字閣及水
閣西有內弓房及門
北行閣二間通十九間合三十八間內東有十字閣光德門及
水閣西有崇智門　明政殿以南有
文政殿十二間內七包外五包樑通二間十四尺前後退九尺式
道里通
御間十四尺五寸左右挾門十三尺五寸
前複道七間
道里通　御間十四尺前後退九尺式
內複道九間南閣墻一角門朱明門東行閣有

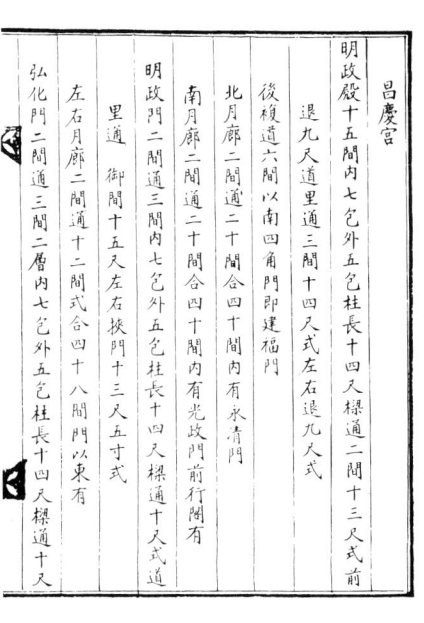

昌慶宮
明政殿十五間內七包外五包柱長十四尺樑通二間十三尺式前
退九尺里通三間十四尺左右退九尺式
後複道六間以南四角門即建福門
北月廊二間通二十間合四十間內有永靑門
南月廊二間通二十間合四十間內有
明政門二間通三間合四十間內有光政門前行閣有
里通
左右月廊二間通十二間式合四十八間以來有
御間十五尺左右挾門十三尺五寸式
弘化門二間通三間二層內七包外五包柱長十四尺樑通十尺

文政門三間
左右行閣合十三間半
外複道四間門外有
崇化門三間
左右月廊合四間
外複道五間今無　明政殿以西有
賓陽門二間通三間初翼工柱長十一尺樑通八尺式道里通
御間十六尺左右挾門十尺式
複道四間以南有
崇文堂十五間初翼工柱長十尺五寸樑通二間八尺式前後退

궁궐지에 실린 여러 건물의 규모

로 다시 창덕궁으로 옮겼다. 그러나 고종 19년(1882)에 임오군란, 21년(1884)에는 갑신정변이 일어나 내외 군인들의 발길이 궁중에 미치고 왕과 왕비가 수난을 겪게 되자 이듬해 왕은 다시 경복궁으로 환궁한 뒤로는 국내외의 복잡한 정세 등으로 인하여 창경궁에 대한 관심이 적어지게 되었다.

1907년 7월 고종이 양위하고 순종이 즉위하였으며 11월에는 순종이 덕수궁에서 창덕궁으로 이어함에 따라 인접한 이 궁에도 다시 내외 인사들의 왕래가 잦아지게 되었고 따라서 궁 안의 건물 수리와 환경 정비도 있었다. 「궁궐지」에는 조선조 말엽에 창경궁에 존재하던 건물들을 기록하고 있다.


## 일제시대의 창경원

이 무렵에는 일제의 세력이 궁중 내외를 장악하고 정치는 그들 일본 관리들과 친일 내각에 의해 좌우되던 때이므로 고종황제의 강제 양위에 이어 황제위에 즉위한 순종은 부황인 고종과도 격리된 창덕궁에서 우울하고 쓸쓸한 나날을 지냈다. 이들 일제의 무리들은 황제의 위안을 겸하여 민족 정신의 지주이자 국권의 상징인 왕궁을 오락장으로 삼아 민족 정신과 민족 문화 유산을 말살하려는 책동으로 창경궁 안에 동물원, 식물원을 개설하고 진기한 동물을 기르며 화목을 재배하여 관람케 함으로써 황제로 하여금 국가와 민족에 대한 생각을 잊게 하고 아울러 왕궁의 존엄성을 격하시키려는 정략적인 계획을 세웠다.

이러한 동물원의 설비는 순종황제가 창덕궁으로 옮긴 이듬해 봄부터 시작하여 그해 가을까지 제1단계의 시설을 끝냈는데 선인문 안 보루각 터에 동물원을 짓고 각종 짐승과 새들을 사육하여 9월

30일에는 대신들이 곰, 호랑이, 원숭이, 사슴과 공작, 학, 타조 등 각종 수조를 관람하기도 하였으며 춘당대 지역에는 식물원을 설치하였다.

융희 3년 11월 1일에는 동, 식물원의 개원식이 거행되고 일반인의 관람이 허용되었으며 권농장 터에는 연못을 파서 고기를 기르고 연을 심었는데 춘당대 앞에 있는 연못이라 하여 연못 이름을 춘당지(春塘池)라 하였으며 그 북쪽에는 일본식의 정자를 세웠다.

1911년에는 자경전 지역에다 박물관(뒤에 장서각으로 전용되었음)을 건립하고 다시 궁내부(宮內部) 주최로 내외의 관리들을 초청하여 성대한 개원식을 거행하였는데 명분인즉 "백성들에게 실물교육을 시키고 그들의 위안 장소로 쓰도록 하라"는 순종황제의 뜻이라는 것이었다. 이로부터 창경궁은 창경원(昌慶苑)으로 격하된 이름으로 불렀다.

동, 식물원의 건립으로 인하여 60여 채의 전각과 담장 및 궁문들이 철거, 변형되었음은 물론 기단, 초석까지 파내어 어구(御溝)의 석축을 쌓는 등 유구의 흔적조차 찾을 수 없도록 파괴되었다.

1912년 11월에는 조선총독부 고시 제78호로 '경성시 개수 예정 계획 노선'을 발표하고 제6호선으로 광화문 앞에서 안국동을 거쳐 돈화문 앞을 횡단하여 이화동에 이르는 도로를 개설하면서 창경궁과 종묘로 이어지는 산맥을 끊어 이 일대의 경관도 파괴시켰다.

1915년에는 문정전 남서쪽 높은 언덕 위에 장서각(뒤에 동, 식물 표본관으로 사용되다가 철거됨)을 건립하였고 1922년경에는 궁 안 곳곳에 수천 그루의 벚나무를 심었으며 1924년부터는 야간 공개를 시작하였는데 이 뒤로도 사자, 원숭이, 낙타, 타조의 집들이 계속 건립되어 동물사 50여 동, 동물 190종 700여 마리가 사육되었다. 그러나 1944년 제2차 세계 대전으로 인한 폭격, 사료 및 인력 부족 등으로 맹수류와 큰 동물을 도태시켰다.

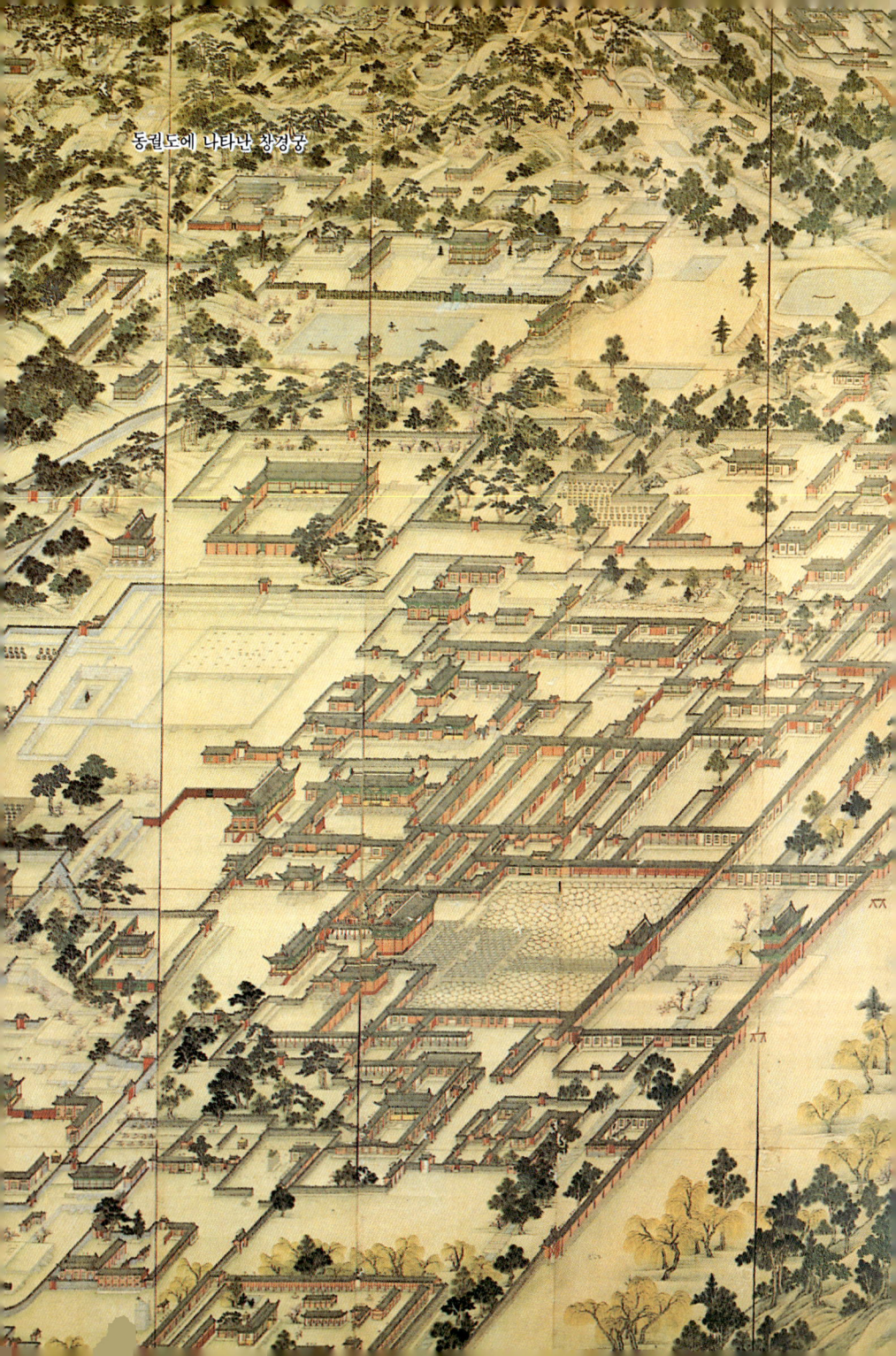
동궐도에 나타난 창경궁

# 광복 뒤의 창경원

창경원은 광복 뒤에도 계속 유지되다가 1950년 6·25동란으로 폐원되고 1951년 1·4후퇴 때에는 모든 동물이 얼어 죽거나 굶어 죽었다. 전쟁이 끝난 뒤 다시 공, 사 단체로부터 기증받거나 외국과 친선 교환되면서 많은 동물이 사육되었고 유기장 시설까지 첨가되어 한때는 하루에 수십만 명이 관람하는 성황을 이루기도 하였고 상경하는 지방인들의 필수적인 관람 장소로 손꼽히기도 하였으며 식물원에서는 난 전시와 국화 전시회가 열리기도 하였다.

그 당시의 우리는 식량 문제 해결이 우선이었고 주택 사정도 어려워 전국 각지에 산재한 우리의 문화 유적을 찾고 보살피기에는 너무도 벅찬 일들이 많았으며 더구나 홍수처럼 밀려드는 외래 문화에 취하여 우리의 것을 등한히 하였다고 해도 과언이 아닐 것이다.

# 다시 창경궁으로

1980년대에 들어오면서 민족 문화의 창달과 전통 문화 유산의 발굴, 보존 및 선양 사업 등이 정부와 국민 사이에 공감대로 형성되면서 많은 문화 유적이 조사, 정비되었다. 더구나 조선시대의 궁궐은 조선 왕조의 문화와 기술의 총력이 발휘되고 수많은 백성들의 피와 땀이 엉켜 이룩한 민족 문화 유산의 정수이자 고도(古都) 서울을 대표하는 문화 유적일 뿐더러 암울하였던 일제의 통치 시대에는 우리 민족의 독립을 쟁취하여 국권을 회복시키려는 정신적 표상이기도 하였다.

동물원 및 유기장(遊技場)으로 사용되고 있는 조선조 왕궁인 창경원을 왕궁으로서의 옛 모습으로 되찾고자 1981년 '창경궁 복원 계획'을 정하였다. 1983년 10월에 130종 900여 마리의 동물들과 591종 2,177분의 식물을 서울대공원에 이관하고 12월 30일에는 창경원이라 불리던 것을 본래의 이름인 창경궁으로 명칭을 변경하였으며 이듬해 8월까지 동물사와 유기장 시설 등 70여 동을 철거하였다.

옛 창경궁 건물들의 배치 관계, 잔존 유구(遺構) 등을 조사하기 위하여 1984년 8월부터 1985년 4월까지 발굴 조사를 실시한 결과 많은 부분은 이미 완전 파손되었고 일부 건물지의 유구, 유물 및 옛 지반의 높이 등이 확인되었다.

이러한 발굴 조사 자료와 '동궐도' '동궐배치도' 「궁궐지」 「창경궁 영건도감의궤」 및 옛 사진 등을 참고로 복원 설계도를 작성하고 1985년 4월 16일 중건 공사를 시작하여 연인원 17만 5,600여 명이 동원되고 총 51억여 원이 소요되어 1986년 8월 23일 준공되었으며 1989년 3월에는 공사 내용을 정리하여 「창경궁중건보고서」를 발간하였다.

본 중건 공사는 창경궁 궁제에서 중심부에 해당하는 홍화문 안 좌우측의 행각과 명정전 주위의 월랑 및 문정전과 동월랑 등을 재건하고 기존 건물들로 보수 정비하였으며 왜식으로 변형된 원유(苑囿)도 복구하여 역사 교육의 장으로 활용하고 있다.

# 궁제와 배치

## 궁제(宮制)

궁궐은 고대 국가로부터 근세 군주 국가에 이르기까지 국가 통치의 최고 주권자인 제왕 또는 군주가 정무를 수행하던 청사(廳舍)와 그들이 거주하던 주택 및 이들에 따른 부속 건물을 통칭하는 말로서 권위를 상징하고 위엄을 나타냈으며 규범과 제도를 갖춘 당대를 대표할 만한 최상의 영조물이라 할 수 있다.

특히 왕조 사회에서 왕족과 관료 계층에 의하여 형성된 상층 문화의 중심지로서 그 시대, 그 나라 최고의 건축 문화를 이루어 위계성, 고귀성과 전통성, 체계성 그리고 예술성을 나타내는 이상형의 건축을 조영하였다고 할 수 있다.

궁궐은 기능별로 크게 네 개의 군(群)으로 나눌 수 있다.

첫째, 왕이 신하들의 조하를 받거나 국가적인 행사, 의식을 거행하는 정전(법전)과 일상적인 정무(政務)를 보는 편전 등으로 구성된 치조 공간(治朝空間;外殿) 둘째, 왕과 왕비 및 그 가족들의 일상 생활을 위한 침전, 정원들로 구성된 연조 공간(燕朝空間;內殿) 셋

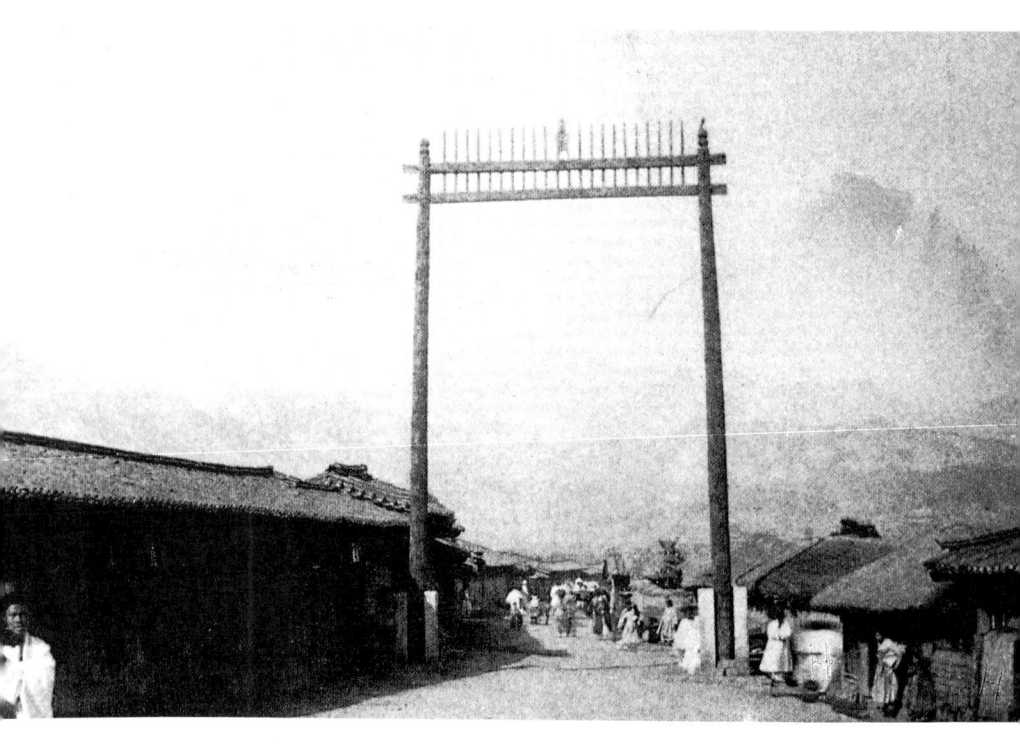

**구한말의 사복시 근처** 「신증동국여지승람」에 보면 주로 공서들은 경복궁과 창덕궁에 둔 것이 많고 창경궁에는 몇 개만 두었다고 기록되어 있는데 승정원, 홍문관, 주자 소, 사용원, 사복시, 오위도총부, 수문장청, 금루관직소, 금위군번소 등이 그것이다.

째, 궁궐 안에 근무하는 문무 백관들과 왕족의 **일상 생활을 뒷받침해** 주는 관리들이 사용하던 공서 공간(公署空間;外朝) 넷째, 휴식하고 정서를 함양하며 연회하는 장소로 사용하던 원유 공간(苑囿空間) 등으로 구분하고 있다.

창경궁에서 왕이 정사를 보던 치조 공간은 명정전, 문정전, 숭문당과 이들을 둘러싼 월랑 및 명정문 안의 공간이고 왕족의 생활 공간인 연조 공간은 빈양문의 서북쪽 공간으로 통명전, 경춘전, 양화당, 환경전, 영춘헌 등이 있는 곳이다. 궐내의 공서들은 그 목적에 따라 내, 외전 주변에 있었는데 현재 공서 건물로 전해 오는 것은 남아 있는 것이 없다.

「신증동국여지승람」에 보면 주로 공서들은 경복궁과 창덕궁에 둔 것이 많고 창경궁에는 소수만 기록되어 있는데 승정원, 홍문관, 주자소, 사옹원, 사복시, 오위도총부, 수문장청, 금루관직소, 금위군번소 등의 이름이 보인다. 또한 낙선재와 주위의 수강재, 한정당, 상량정, 취운정, 승화루 등도 창경궁에 속한 침전과 부속 건물이었던 것을 알 수 있다.

## 배치

창경궁은 북악(北岳)의 한 줄기가 내청룡(內靑龍)의 지세로 남향하여 뻗은 완만한 산줄기 중간에 위치하고 있는데 창경궁의 위치에 대하여는 「증보문헌비고」 제38권 '부역조영선(附歷朝營繕)조'에 "옛날부터 태후의 거처하는 곳은 반드시 대내의 동쪽에 있었기 때문에 동묘라 하며 창경궁도 이런 이유에서 동쪽을 택한 것이다"라고 풀이하고 있다.

궁은 외곽을 높은 담장으로 쌓고 동서남북에 4대문을 설치하며 정전을 남향으로 하여 건립하고 남북 일직축선상에 남으로부터 정문, 중문, 정전, 편전, 침전을 배치하는 것이 원칙으로 경복궁에서는 이 제도를 잘 따랐으나 창덕궁, 창경궁, 경희궁 등에서는 각 공간별로 지세에 따라 자유롭게 배치하고 있다.

특히 창경궁은 이들 궁궐들과도 달리 정전인 명정전이 동향하고 있어 특이한 배치를 이루고 있다. 이에 대하여는 창경궁 창건 때 성종이 "내가 생각하기를 임금은 반드시 남쪽을 면하고 다스리는 것인데 창경궁은 동향인지라 임금이 정치하는 곳이 아니라고 여긴다"고 하여 창경궁이 왕의 거처소가 아니라 대비의 처소였으므로 명정전이 동향하여도 무방하게 여겼을 것이다. 굳이 동향으로 배치된 이유로는 이곳의 지세가 동쪽(전면)으로는 명당수와 멀리 낙산이 있고 남, 서, 북으로는 가깝게 구릉으로 둘러져 있어 배산 임수(背山臨水)로서의 입지와 조건이 동향이 적합하였기 때문이라 생각된다. 곧 창경궁은 이궁(離宮)이며 대비의 처소로 계획되었으므로 제도보다는 자연 지세를 존중하고 자연 경관을 순리적으로 이용하였다고 보인다.

이 문제에 대하여는 창경궁이 임진왜란의 병화로 소실되어 광해군 때 중건하면서도 많은 논란이 있었다. 풍수가 김일손이 명정전을 기존 동향에서 남향으로 바꾸고 함춘원 남쪽 기슭은 절단하여 전면을 넓게 하며 또 궁전 주위에 도랑을 둘러파서 현자형(玄字形)의 계류를 만들어야 한다고 주장하였고 이를 당시 왕의 신임을 받고 있던 풍수가 이의신 등이 지지하였다.

이러한 김일손의 주장은 조선 태조가 한양으로 천도하여 경복궁을 창건할 때 군왕은 남쪽을 향하여 정사를 보아야 한다고 주장한 정도전의 의견과 같은 내용이라 볼 수 있다. 명정전을 남향하였을 경우 함춘원 남쪽 기슭으로 인하여 전면이 답답하고 창경궁에 흐르는 계류가 명정전을 향하여 직류하게 되어 풍수 이론상 흉지가 된다.

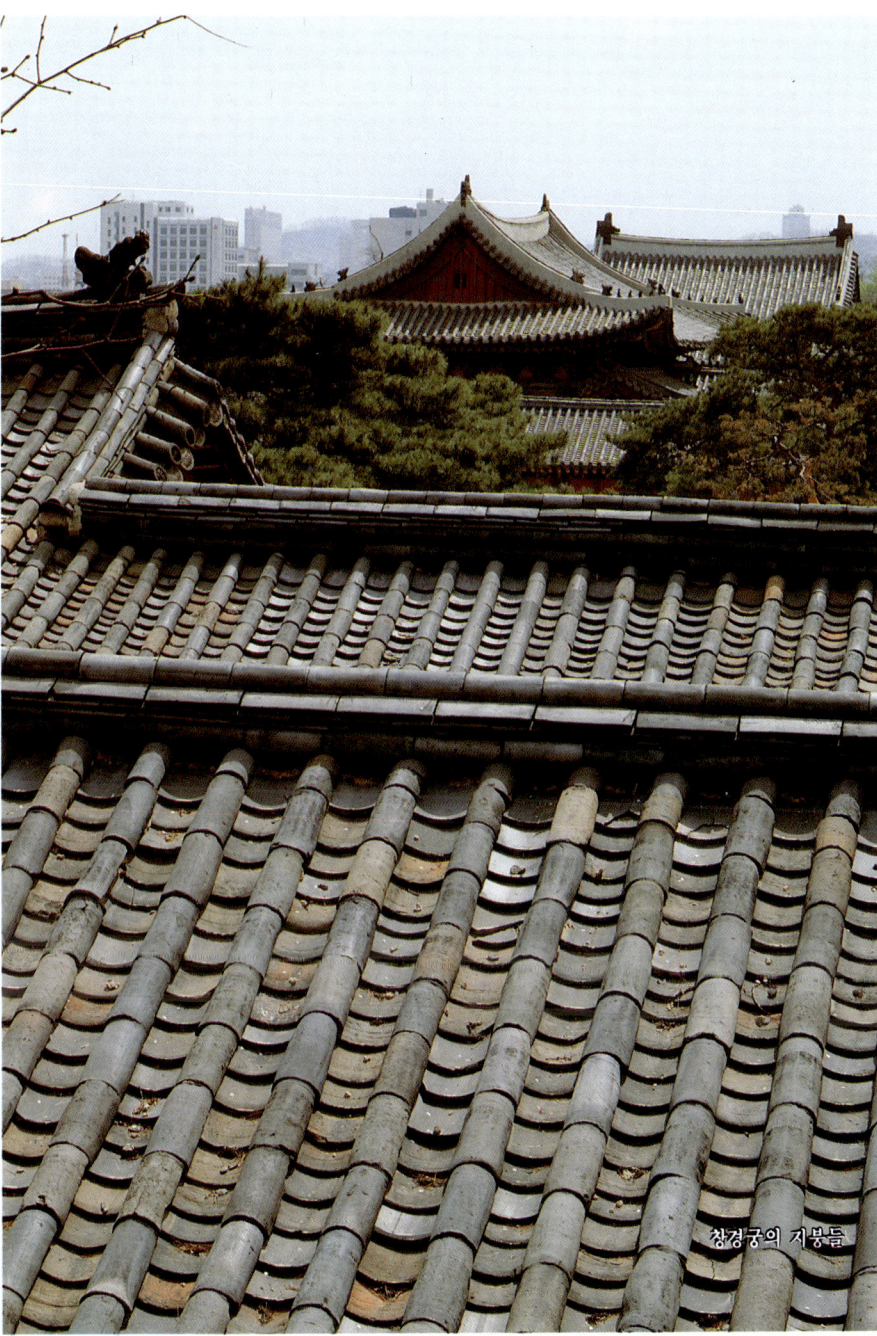

창경궁의 지붕들

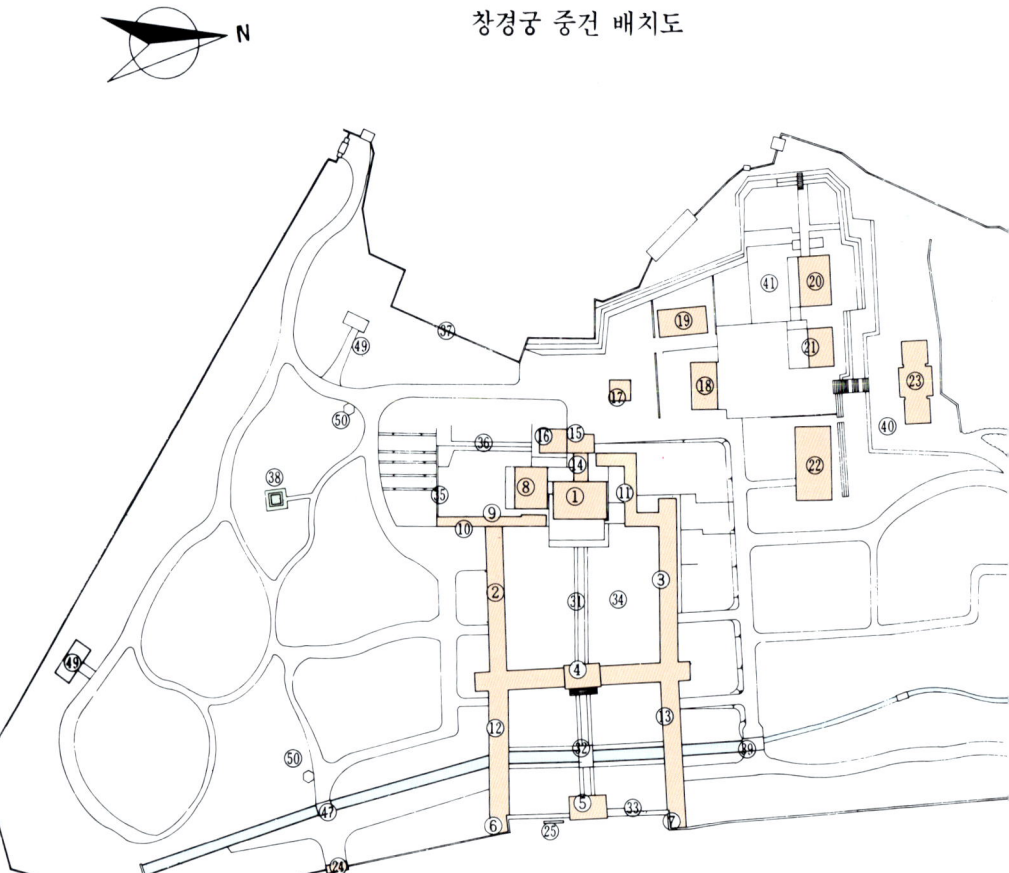

창경궁 중건 배치도

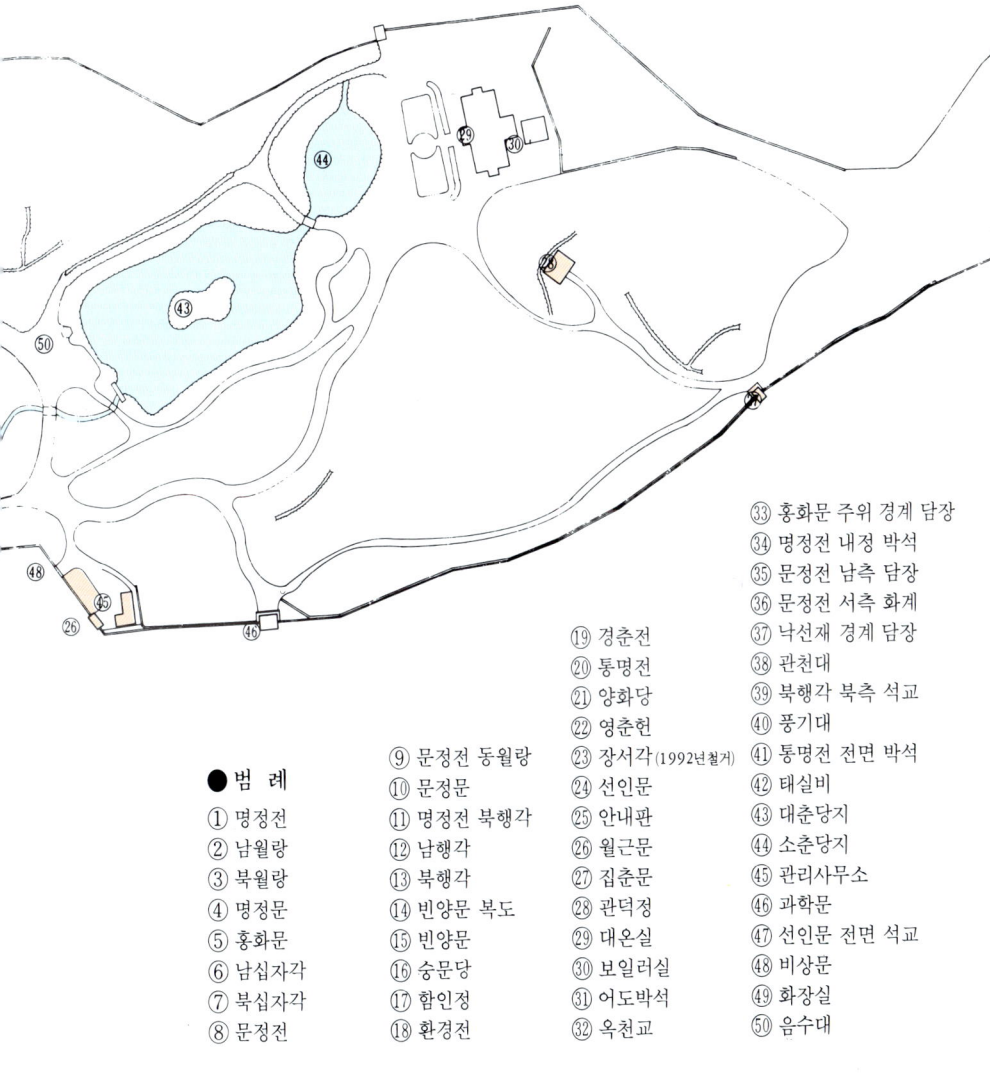

따라서 함춘원 기슭을 절단하여 전면을 넓게 하고 개천을 현자형으로 구불구불하게 흐르게 하면 길지가 된다는 것이다. 이에 대하여 선수 도감과 제조들은 "당초 창경궁을 창건할 때 반드시 안목이 높은 사람들이 있어 동향하였을 것이고 함춘원 남쪽은 경복궁, 창덕궁, 창경궁과 종묘의 내청룡의 맥에 해당하므로 보호할지언정 절단해서는 안 되며 현자형의 구곡수(九曲水) 이론은 재상을 배출한다는 일반 민가에 적용되는 것으로 왕궁인 이곳에는 불가하다" 하여 결국 이 문제는 왕의 지시에 따라 예전대로 동향하여 재건하게 되었다.

특이한 배치법의 하나로 홍화문과 옥천교 및 명정문, 명정전의 축(軸)이 일직선으로 되어 있지 않다는 것이다. 곧 명정전은 그 중심축을 동서축으로 하여 정동향(正東向)하고 있으나 명정문은 정동에서 약간 북쪽으로 기울어져 향하고 있다. 따라서 명정전 앞마당을 둘러싼 월랑(月廊)도 그 꺾이는 부분에서 각각 직각(90도)을 이루지 못하고 있고 옥천교는 다시 거의 동향으로 중심축을 이루었다가 홍화문에서는 다시 약간 북쪽으로 기울어져 있어 서로 중심축이 달리 계획되어 있다.

1986년도 중건 공사 때 여러 자료들을 수집하고 발굴 조사하여 본 결과 대다수의 건물지가 훼손되었고 고증 자료가 미미한 관계도 있어 이 외전의 중요 부분만 중건하였다. 곧 외전 일곽 가운데 명정전 주위인 남, 북월랑 서쪽부와 뒷면의 빈양문 및 빈양문에서 북쪽 월랑으로 연결되는 월랑 그리고 문정전과 문정전 동월랑이 재건되었으며 옥천교 좌우의 남북 행각도 재건되었다.

내전은 현재 단독 건물로 6동만이 흩어져 남아 있으나 다른 궁궐 및 여러 자료들로 보아 역시 침전 주위로도 월랑 또는 담장이 둘러져 있어 각각 한 전의 일곽을 이루고 있었음을 알 수 있으며 '동궐도'와 「궁궐지」 등을 보아도 조선 말기까지 내전에는 수십 동의 건물이 더 있었던 것으로 묘사되어 있다.

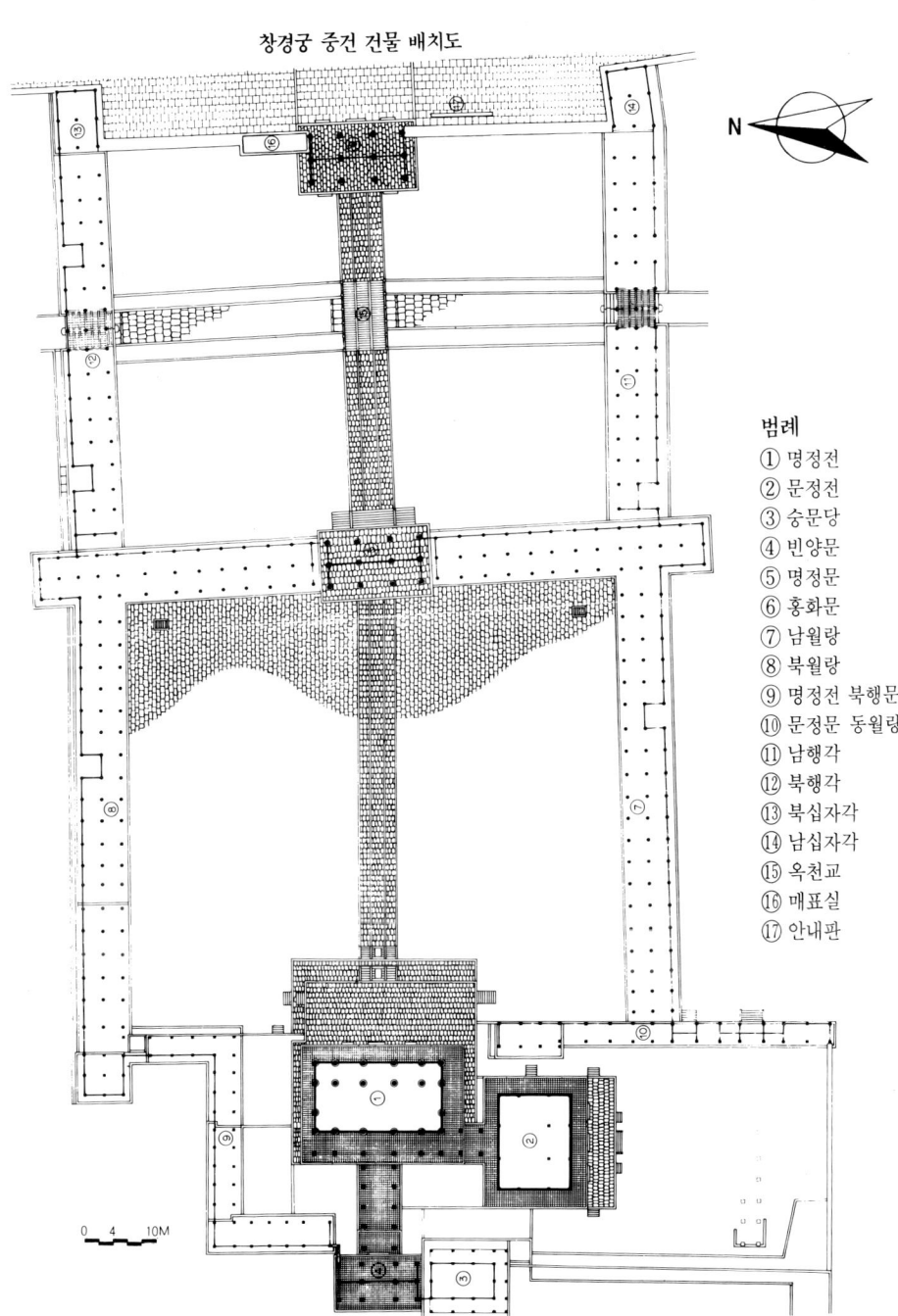

창경궁 중건 건물 배치도

N

범례
① 명정전
② 문정전
③ 숭문당
④ 빈양문
⑤ 명정문
⑥ 홍화문
⑦ 남월랑
⑧ 북월랑
⑨ 명정전 북행문
⑩ 문정문 동월랑
⑪ 남행각
⑫ 북행각
⑬ 북십자각
⑭ 남십자각
⑮ 옥천교
⑯ 매표실
⑰ 안내판

0  4  10M

외조 공간은 일제시대에 동, 식물원을 만들면서 모두 헐어 현재 원유 공간으로 조성하였다. 원유 공간은 통명전 서북쪽 지역과 춘당지 주위였으며 이 뒤로는 창덕궁의 후원과 서로 통하였다.

## 현존 유물

### 홍화문(弘化門)

창경궁의 정문으로 중층의 누문이며 명정전과 같이 동향하고 있다. 이 문은 성종 15년(1484)에 창건되었으나 임진왜란 때 소실되고 광해군 8년(1616)에 재건되어 오늘에 이르고 있는데 정면 3칸, 측면 2칸에 다포계 양식(多包系樣式)이며 우진각지붕이다.

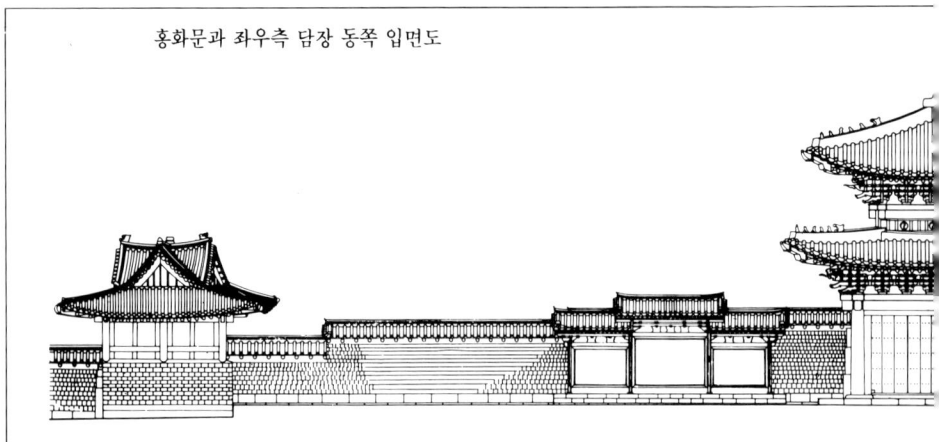

홍화문과 좌우측 담장 동쪽 입면도

하층은 각 칸 중앙부에 판문을 달아 출입토록 하였고 상층은 우물마루로 꾸며 북쪽에 마련된 계단을 통해 오르도록 하였으며 사면 벽에는 판자 창호를 두어 열면 사방을 내다볼 수 있게 하였다.

상, 하층 기둥 위에는 창방, 평방의 두 부재를 가로로 두르고 그 위로 내3출목, 외2출목의 다포식 공포(栱包)를 짰는데 그 구조와 짜임새가 건실하여 조선 초기 공포 형식의 특징을 보여주고 있다. 공포의 외형은 명정전의 것과 비슷하나 첨차(檐遮) 뒷몸이 한몸처럼 초각(草刻)되어 양봉(樑奉)으로 만들어지고 이 양봉이 대량 깊숙히 받쳐져 고주(高柱) 쪽에 접근한 점이 다르다.

가구(架構)는 1고주 5량 구조로 중앙에 높은 고주를 세우고 아래층의 대량을 고주 몸에 끼워 맞보 형식으로 하였으며 이 보 위에 상층 기둥을 세웠다.

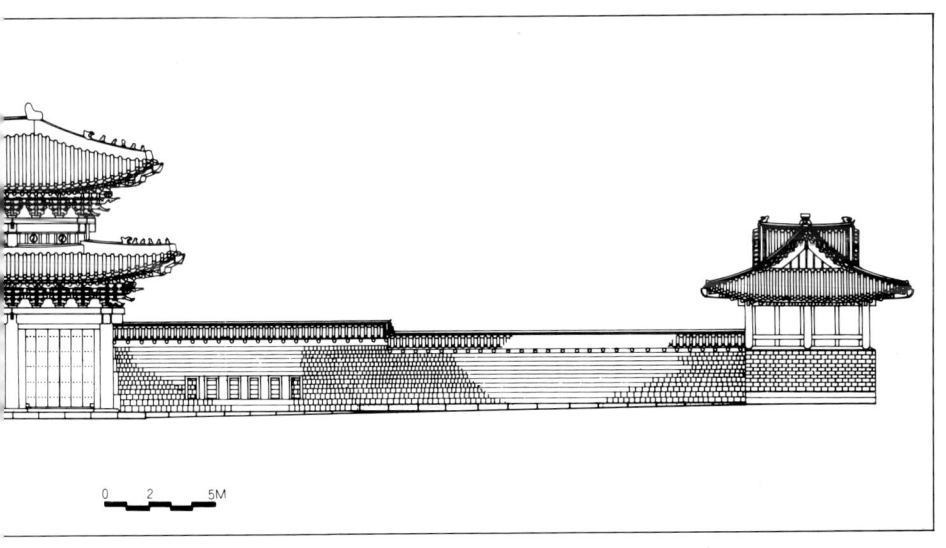

0  2  5M

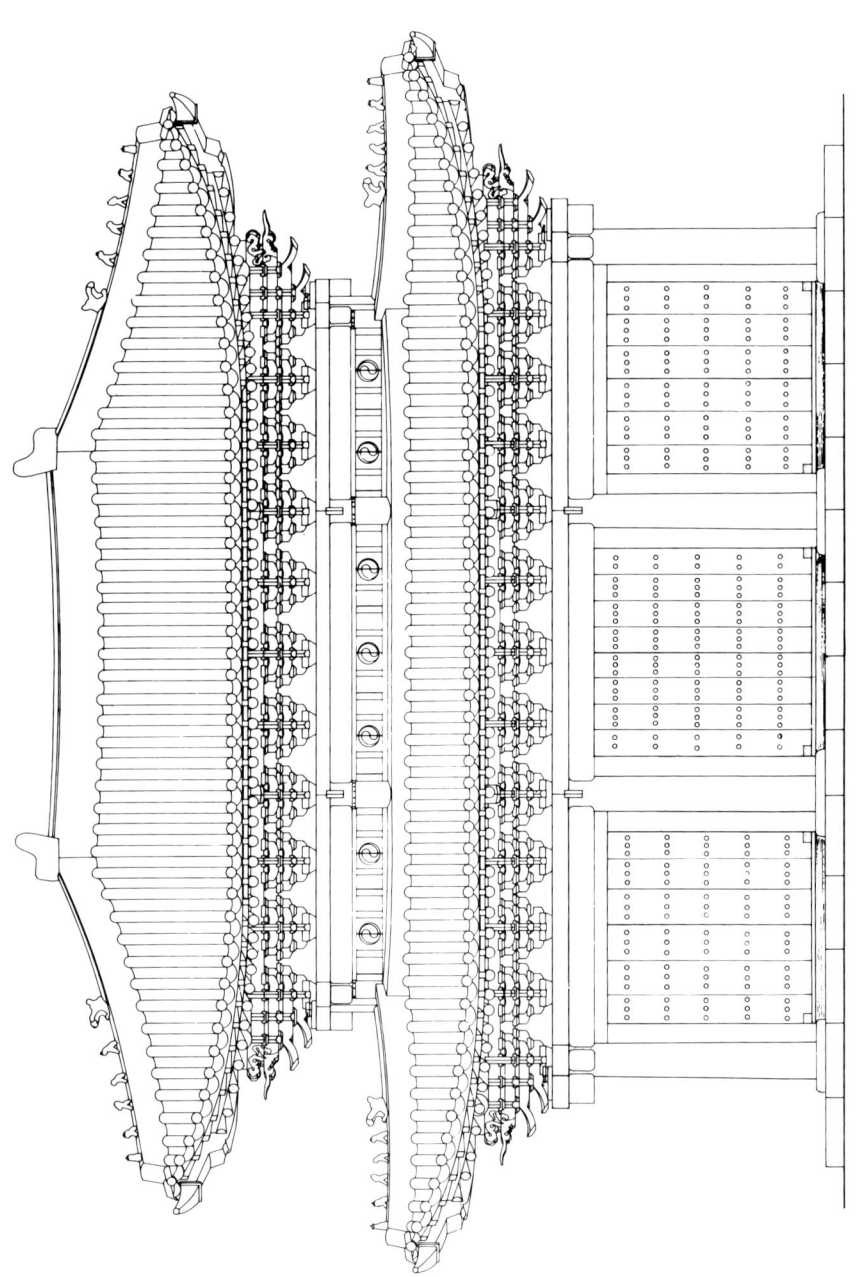

홍화문 정면도

0  0.6  1.5M

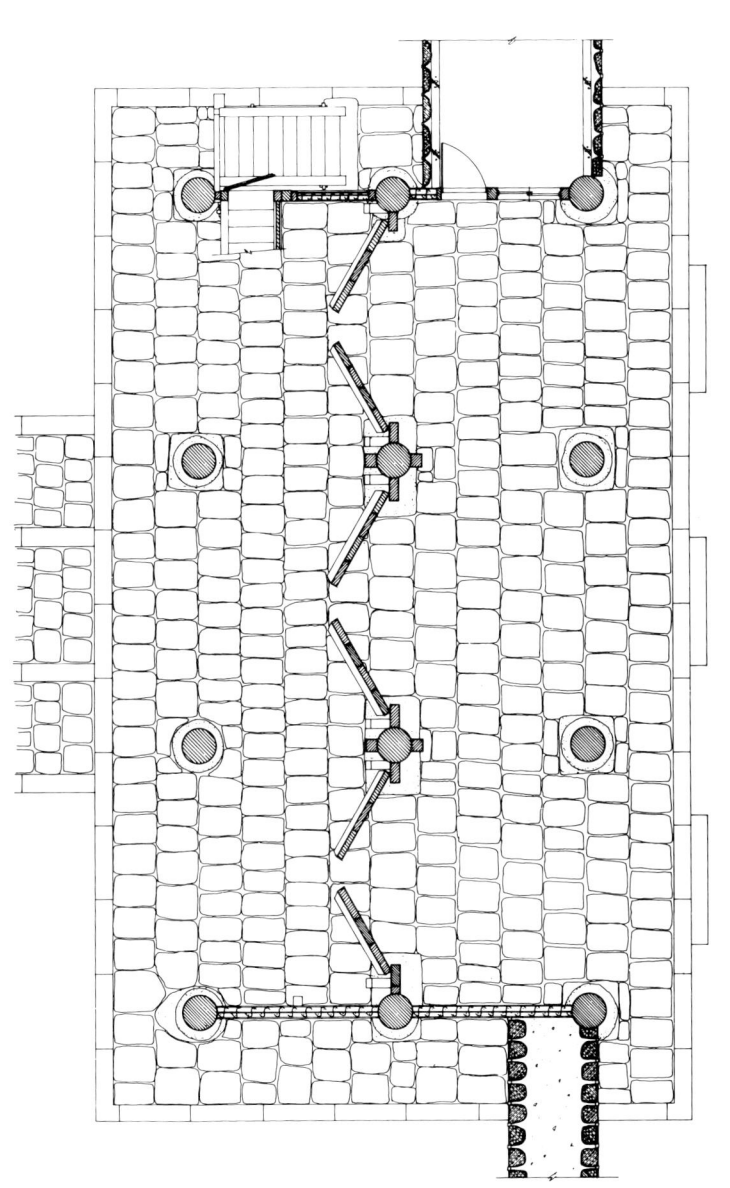

홍화문 1층 평면도

0　0.6　1.5M

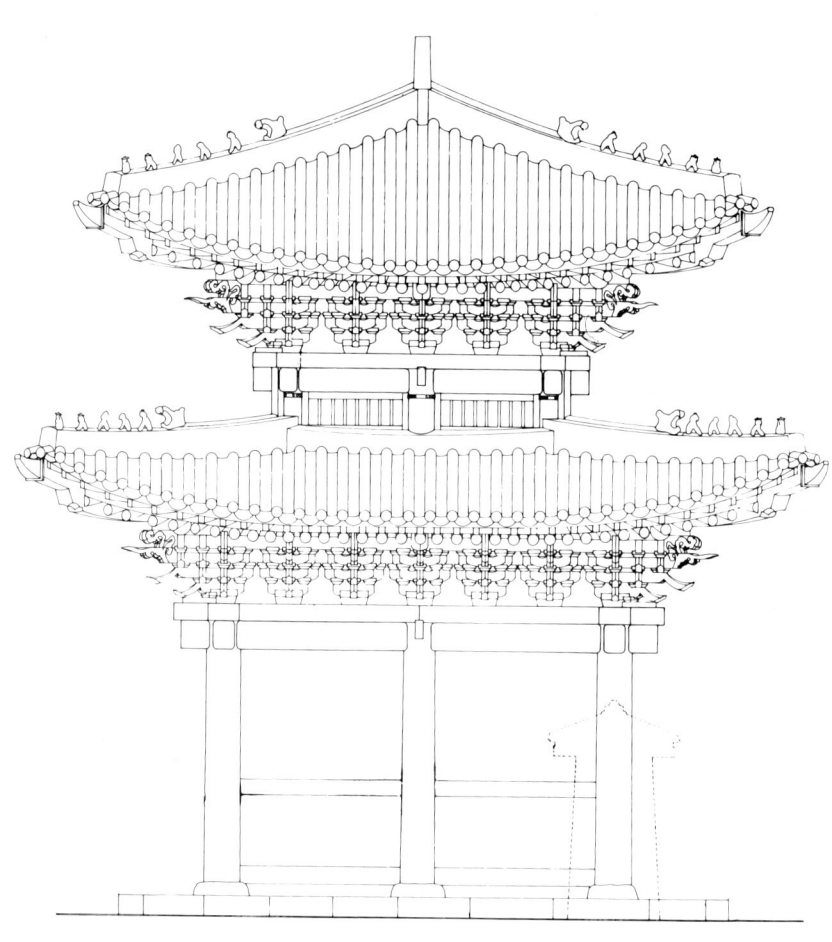

홍화문 우측면도

상층 대량 위에는 판대공(板臺工)을 사다리꼴로 만들어 세우고 그 위에 종도리(宗道里)를 얹어 서까래를 받도록 하였다.

조선 왕조의 정궁인 경복궁의 정문은 광화문으로 홍예문이 셋 열린 육축(陸築) 위에 세워 창덕궁의 돈화문이나 창경궁의 홍화문과는 그 모습이 다르다. 돈화문과 홍화문도 가구 형식은 비슷하나 위, 아래층을 연결하는 고주의 사용 방법이 서로 다르다. 홍화문 좌우로는 담장이 설치되어 남, 북십자각에 연결되었다.

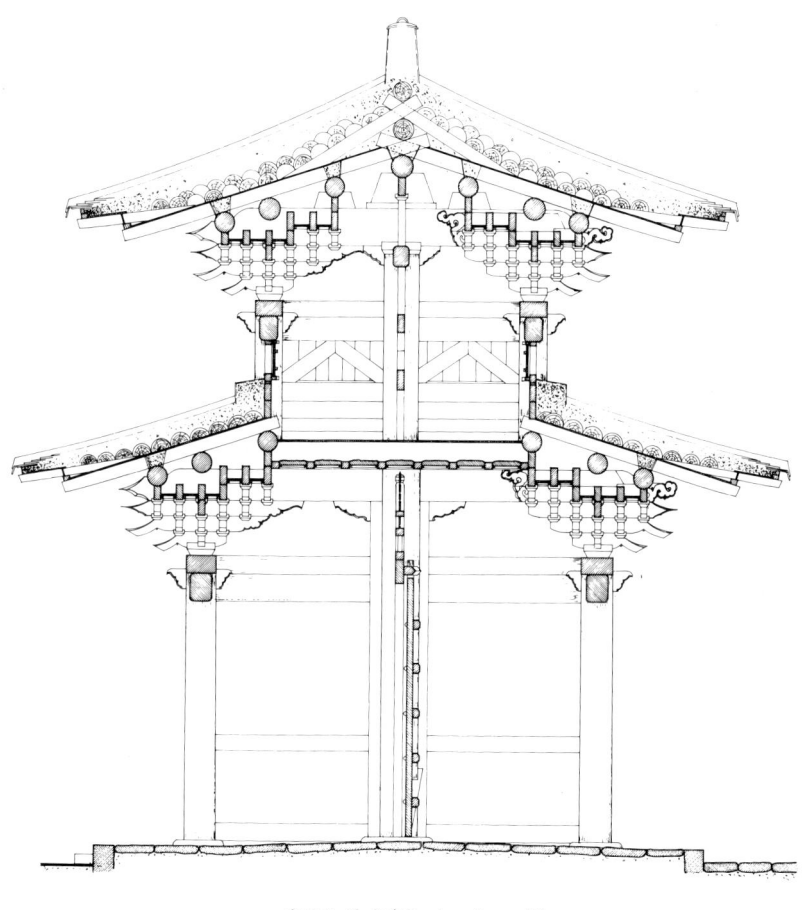

홍화문 종단면도　0　0.6　1.5M

### 옥천교(玉川橋)

조선조 왕궁 안에는 북(玄武)에서 발원하여 외전의 주위를 돌아 남쪽으로 흐르는 명당수가 있고 이 명당수의 양변을 장대석으로 쌓아 어구(御溝)를 형성하였으며 이 어구 위에 돌다리가 설치되어 있다. 따라서 정전으로 들어갈 때에는 반드시 석교를 건너게 되어 있는데 경복궁의 영제교, 창덕궁의 금천교, 창경궁의 옥천교가 모두 그런 다리이며 조선 왕궁 궁제의 특징적인 요소 가운데 하나이다.

옥천교는 홍화문을 들어서서 명정문에 이르는 중간쯤에 설치되어 있으며 창경궁 창건 때인 성종 14년에 조성되었다.

이 석교는 길이 9.9미터, 폭 6.6미터이며 두 개의 홍예로 구성되었는데 홍예 폭은 어구의 폭과 같게 하였고 두 개의 홍예가 겹치는 삼각형 부위에는 귀면(鬼面)을 조각하여 잡귀를 쫓는 주술적 의미를 나타내고 있다.

홍예의 위로는 장대석으로 귀틀을 짜고 장대석과 판석을 깔아 바닥면을 만들었으며 좌우에는 돌난간을 세웠는데 난간의 양끝에는

옥천교 난간 법수(오른쪽)
옥천교 전경(옆면)

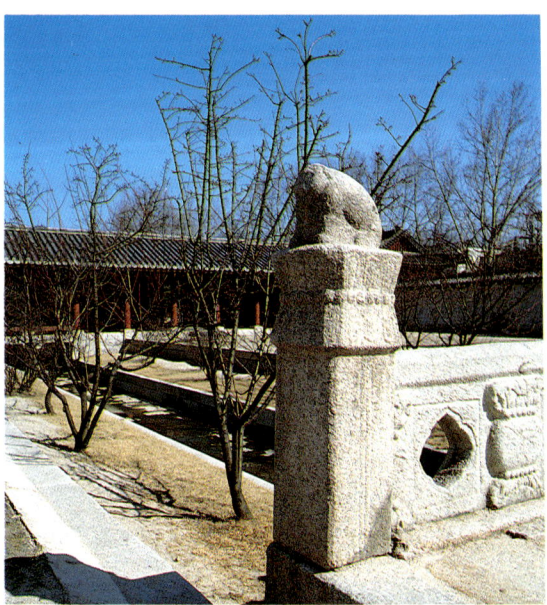

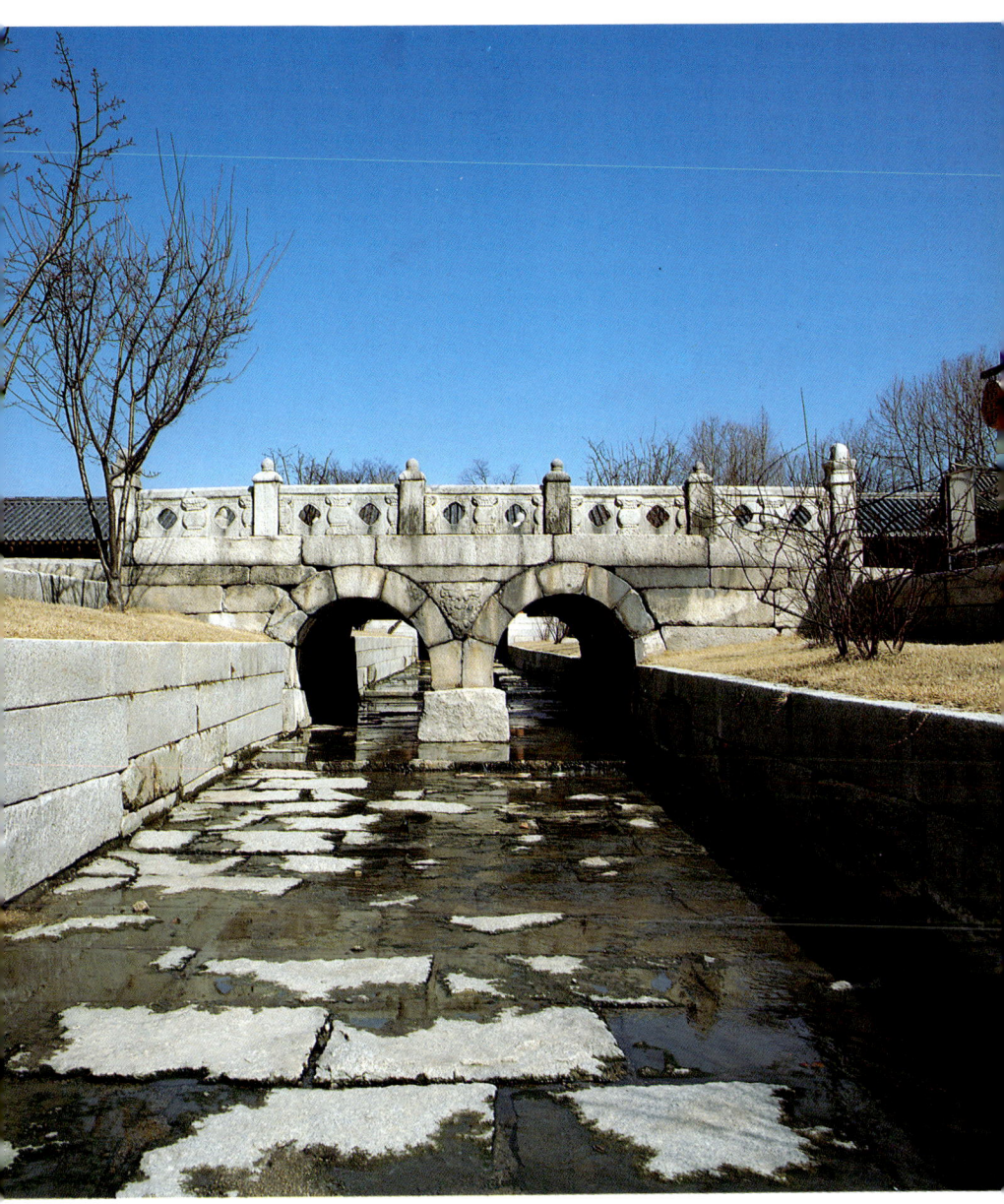

법수(法首)를 세우고 가운데로는 4개의 동자주를 세워 각 5칸을 형성하였으며 각 칸에는 두 구멍씩 풍혈(風穴)을 뚫고 아름다운 조각으로 장식하였다.

석교의 바닥면은 3구획된 3도를 두었는데 중앙의 어도(御道)는 좌우면보다 한 단 높게 만들어 위계를 높였고 법수 위에는 석수상(石獸像)을 올려 놓았다.

### 명정문과 월랑 및 행각

일반적으로 명정전과 명정문을 둘러싸고 남, 북십자각까지 연결된 긴 건물을 회랑, 행각 또는 월랑이라고 통칭하고 있다. 그러나「궁궐지」에 보면 명정전 좌우에 있는 건물은 남, 북월랑, 명정문의 좌우로 연결된 건물은 좌, 우월랑(동월랑), 옥천교의 남, 북쪽에 있는 건물 곧 남월랑에서 명정문에 연결하기 위하여 동월랑으로 꺾이는 부분에서 남십자각으로 연결되는 건물을 남행각, 북월랑에서 동월랑으로 꺾이는 부분에서 북십자각으로 연결되는 건물은 북행각이라 구분하고 있다. 북월랑 안에는 영청문(永淸門), 남월랑 안에는 광정문(光政門)이 있으며 남행각에는 주자소, 십자각, 수각(水閣), 내궁방(內弓房), 북행각에는 십자각, 광덕문(光德門), 수각, 숭지문(崇智門) 등이 있다 하였다.

명정문은 창경궁의 중문이며 치조 공간의 정문이라 할 수 있는데 임진왜란 이후 광해군 때 명정전과 함께 재건되어 오늘에 이르고 있는 것으로 추정하고 있다.

이 문은 정면 3칸, 측면 2칸의 평삼문으로 다포계 양식에 팔작지붕으로 되었는데 명정전의 전면에 있으나 앞에서 말한 것처럼 명정전 동서 중심축선과 정확히 일치하지 않고 좌향이 약간 북쪽으로 틀어져 있어 이 문에 연결된 좌, 우월랑이 남, 북월랑과 만나는 부분에서 서로 직각을 이루지 못하고 있다. 따라서 명정전 앞마당도

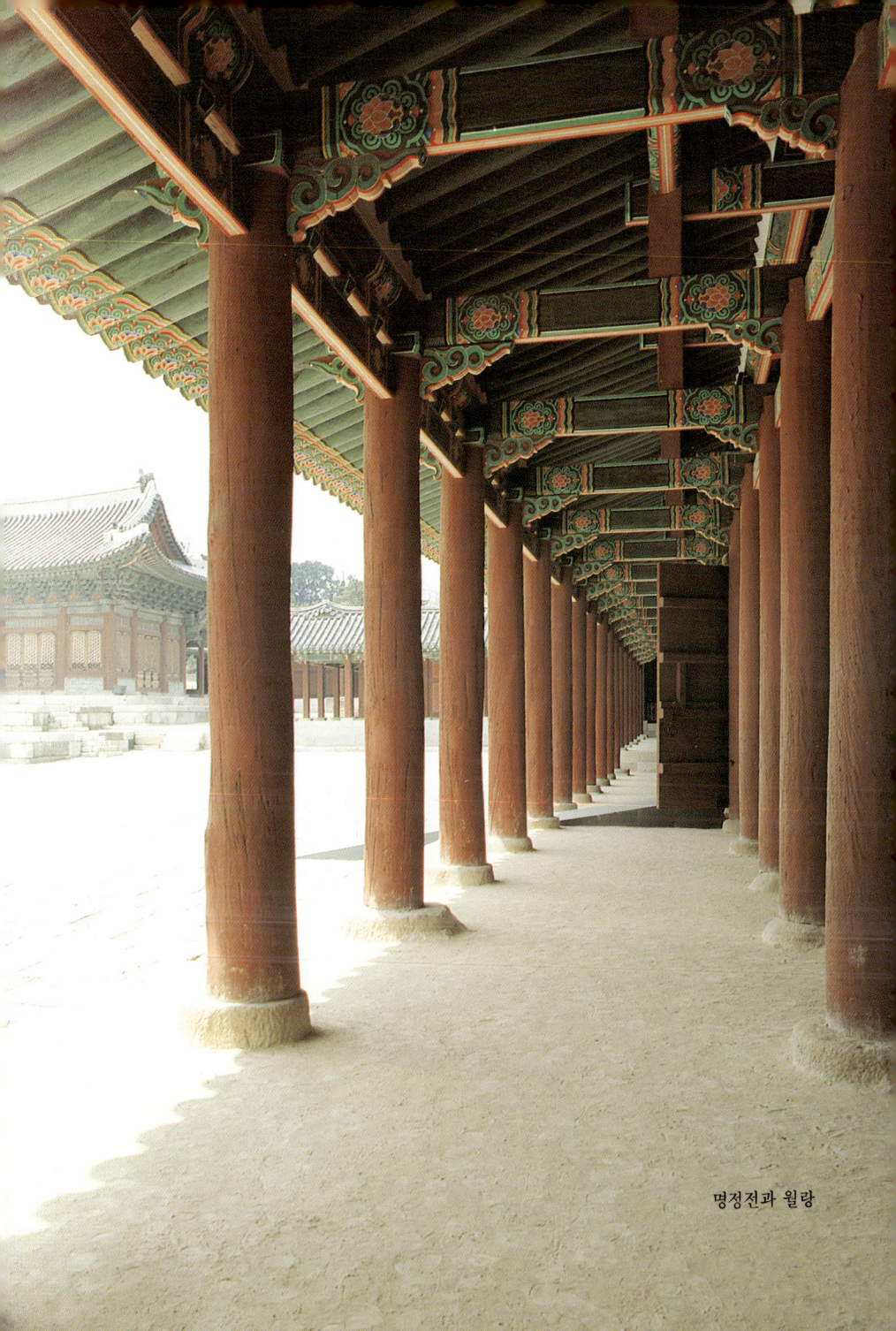

명정전과 월랑

정방형이 아니다.

이 건물은 방형에 원형 주좌를 조각한 초석 위에 배흘림이 약간 표현된 둥근 기둥을 세우고 기둥 머리에는 창방을 둘렀으며 그 위에 평방을 놓아 공간포가 있는 다포식의 공포를 올려 놓았는데 공포는 외2출목, 내3출목이며 가구 구조는 1고주 5량 구조이다. 지붕 위의 용마루 및 내림마루, 추녀마루는 강회로 마감한 양성을 하였는데 이는 궁궐이나 성곽의 문루 건물에서 흔히 볼 수 있는 수법이다.

월랑 및 행각은 복랑(複廊;樑間이 2칸)으로 구성되었으며 매우 단순하고 간결한 초익공계(初翼工系)의 양식으로 꾸몄다.

### 명정전(明政殿)

명정전은 창경궁의 정전(正殿;法殿)으로 조선 제9대 성종 14년(1483)에 창건되었으나 임진왜란 때 소실되었다. 그 뒤 광해군 8년(1616)에 중건한 것으로 조선 왕궁의 정전 가운데 가장 오래된 건물이다.

조선조 왕궁의 정전이 모두 남향하였으나 명정전만은 동향하고 있고 근정전, 인정전 등 주요 정전은 중층이나 명정전은 단층으로 건립되었다. 평면으로 보아 정면 5칸, 측면 3칸이나 뒷면으로는 별도 시설된 1칸이 달려 있고 뒷간 창호의 아랫부분에 전돌의 조적식 벽체를 꾸민 것 등 특이한 면을 지니고 있는 건물이다.

이 건물은 장대석으로 쌓은 2중의 월대를 두고 그 위에 한 단의 장대석 기단을 둘러 건물을 세웠는데 월대는 정궁인 경복궁 근정전의 월대와는 달리 매우 단순하고 간결하여 창덕궁 인정전의 월대와 같은 수법이나 지형의 협소함으로 인하여 전면(동쪽)과 북쪽 일부만을 2중으로 하였다.

월대 전면에는 명정전 어칸(御間)에 맞추어 중앙부에 3도의 2중 계단을 설치하였는데 중앙칸에는 답도(踏道)를 두었다.

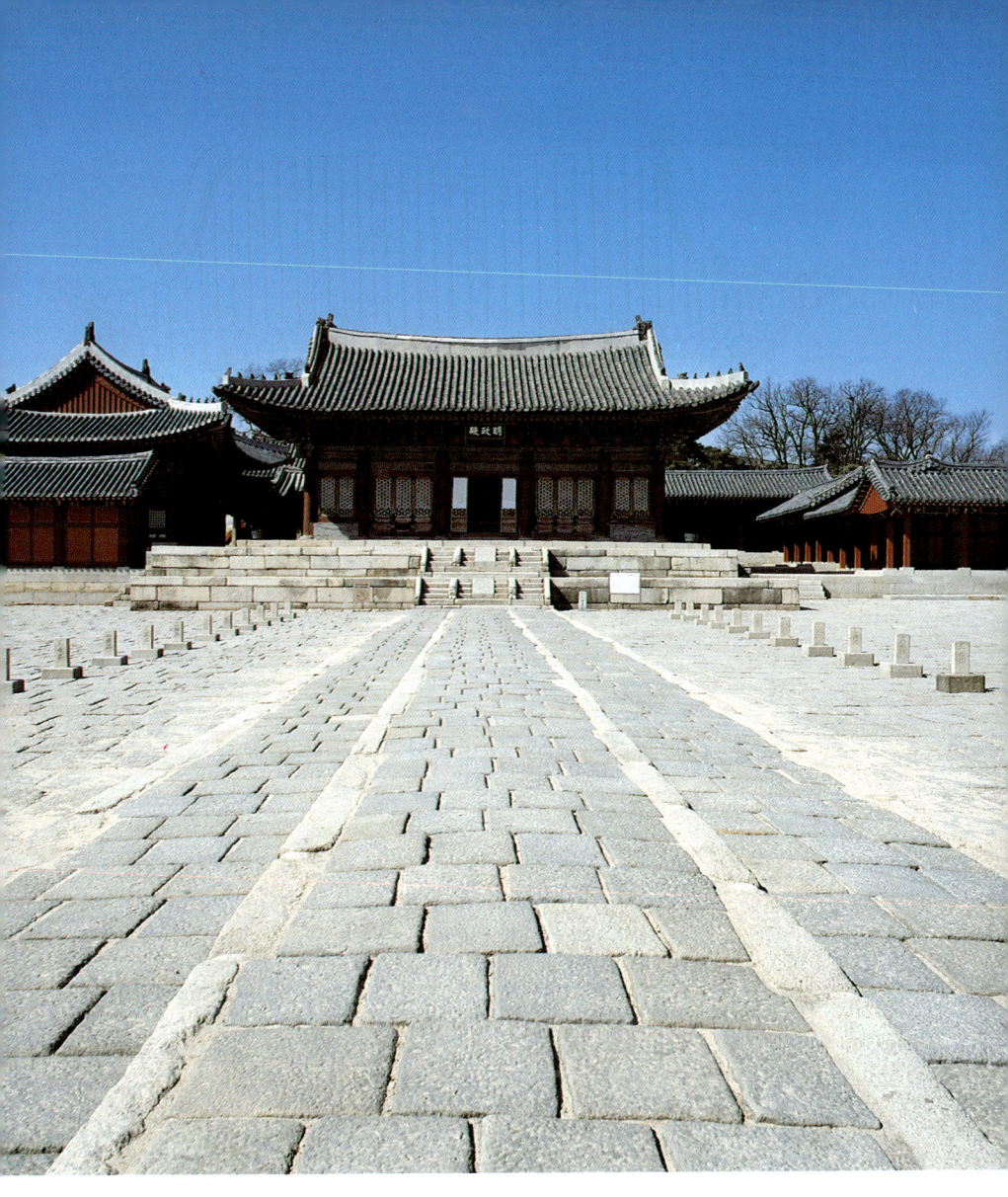

**명정전 전경** 명정전은 창경궁의 정전으로 조선 성종 14년(1483)에 창건되었으나 임진왜란 때 소실되었다. 그 뒤 광해군 8년(1616)에 중건한 것으로 조선 왕궁의 정전 가운데 가장 오래 된 건물이다.

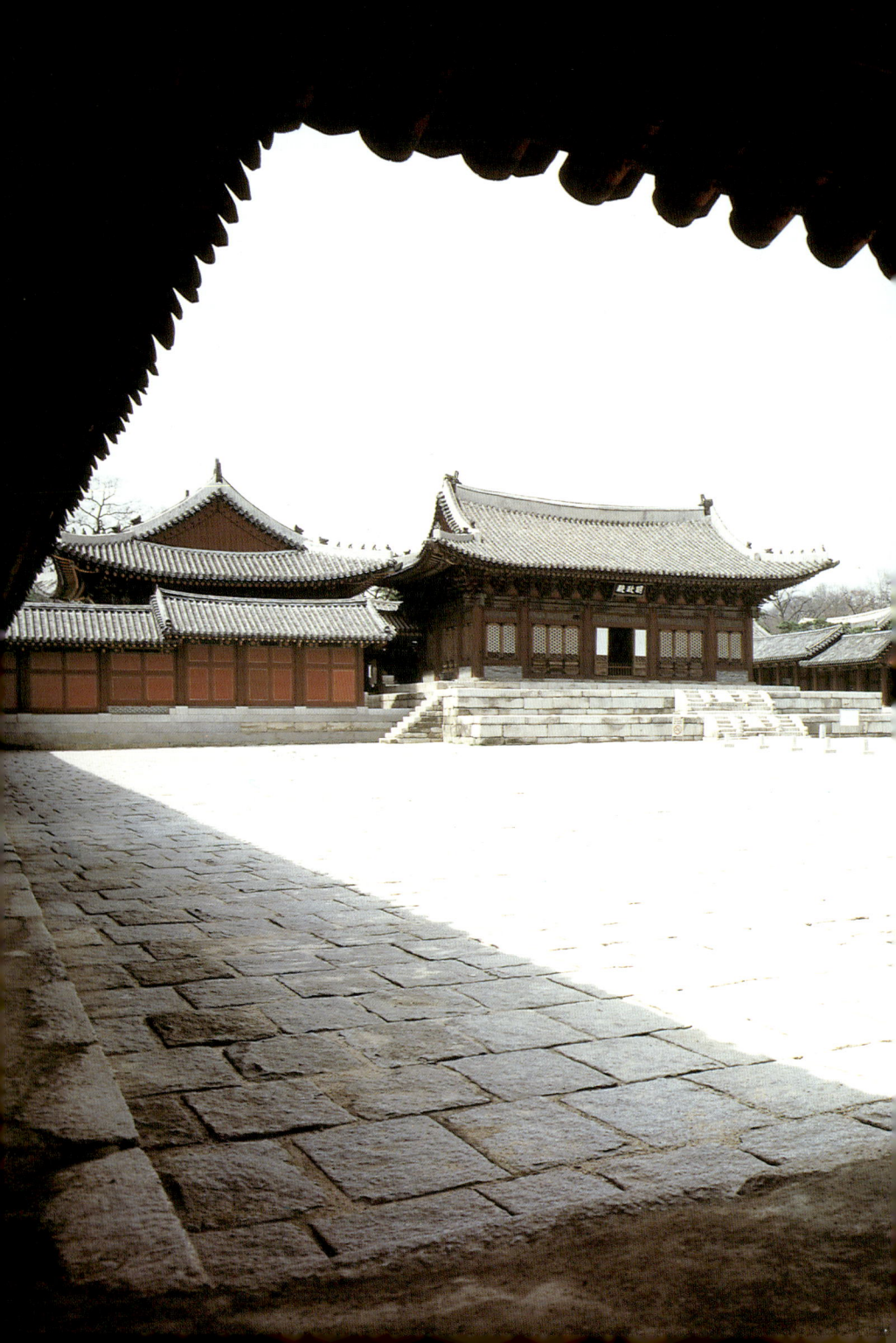

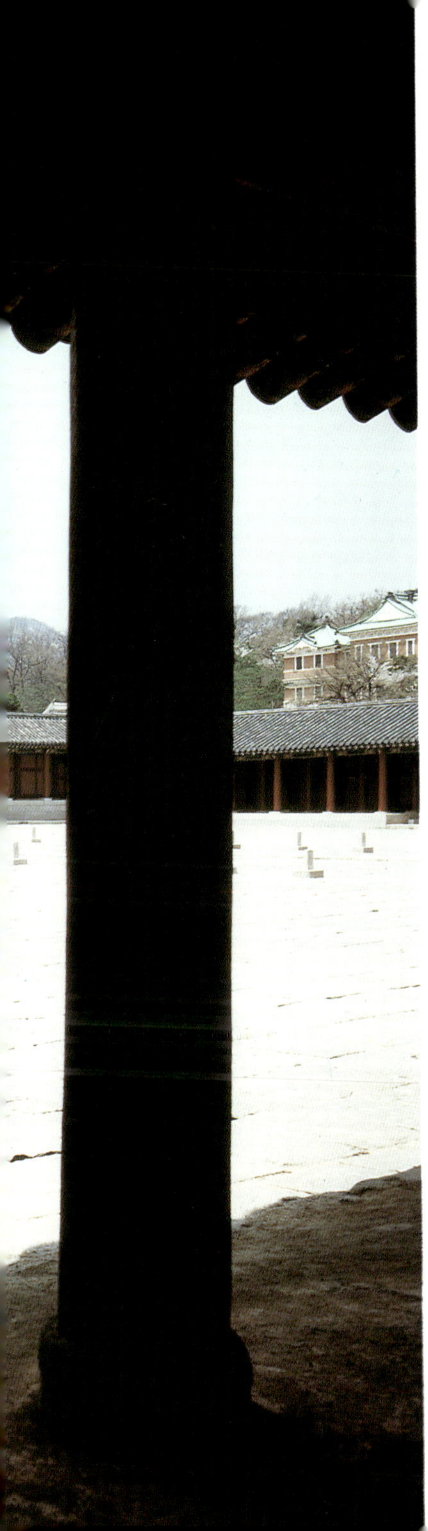

**월랑에서 바라본 명정전**  명정전은 장대석으로 쌓은 2중의
월대를 두고 그 위에 한 단의 장대석 기단을 둘러 건물을
세웠는데 지형이 좁으므로 전면과 북쪽 일부만을 2중으로
하였다. 월랑은 방형에 원형 주좌를 조각한 초석 위에 배흘
림이 약간 표현된 둥근 기둥을 세웠다.(왼쪽)
**명정전 뒤 월랑과 빈양문의 연결 처리 부분**(아래)

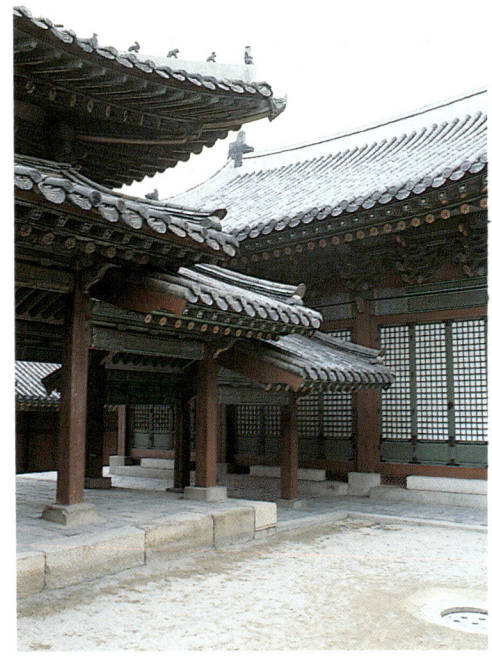

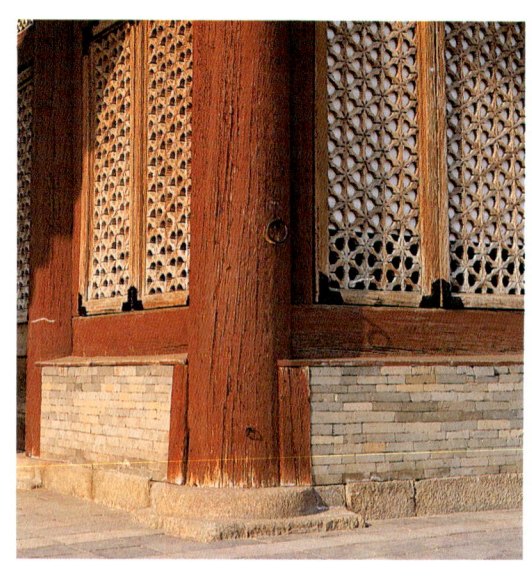

**명정전 기둥과 창호** 명정전은
원형 주좌가 있는 초석 위에
16개의 평주와 4개의 고주를
세워 축부를 이루었다. 창호의
아랫부분에 전돌의 조적식
벽체를 꾸민 것 등 특이한
면을 지니고 있는 건물이다.

넓적한 판석에는 날개를 활짝 편 봉황을 조각하고 챌면에는 당초,
보상화, 운문 등을 조각하였으며 답도 양쪽에는 석수상을 두었다.

건물은 원형 주좌가 있는 초석 위에 16개의 평주와 4개의 고주를
세워 축부를 이루었으며 고주는 내부의 전면 쪽에만 배치되어 전툇
간을 이루고 있고 내부 바닥은 전돌을 깔았다. 내부 뒷면 중앙부에
는 용상(龍床)을 배치하고 그 위로는 닫집으로 짠 보개(寶蓋)가
있으며 우물천장의 중앙부에는 한 층을 접어 올린 쌍봉문이 있는
보개천장을 장식하였다.

건물의 사면은 모두 꽃살창을 달고 그 위에 교살창을 달아 궁
안의 건물 가운데 가장 화려하며 기둥의 머리 부분에는 창방을,
그 위에 평방을 두어 공간포를 둔 다포식의 공포를 올려 놓아 지붕
의 하중을 받도록 하였다. 공포는 외3출목, 내4출목의 포작을 짰고
가구는 1고주 9량의 구조로 주심도리, 하중도리, 중도리, 상중도리,
종도리를 배설하여 장연과 단연을 받도록 하였다.

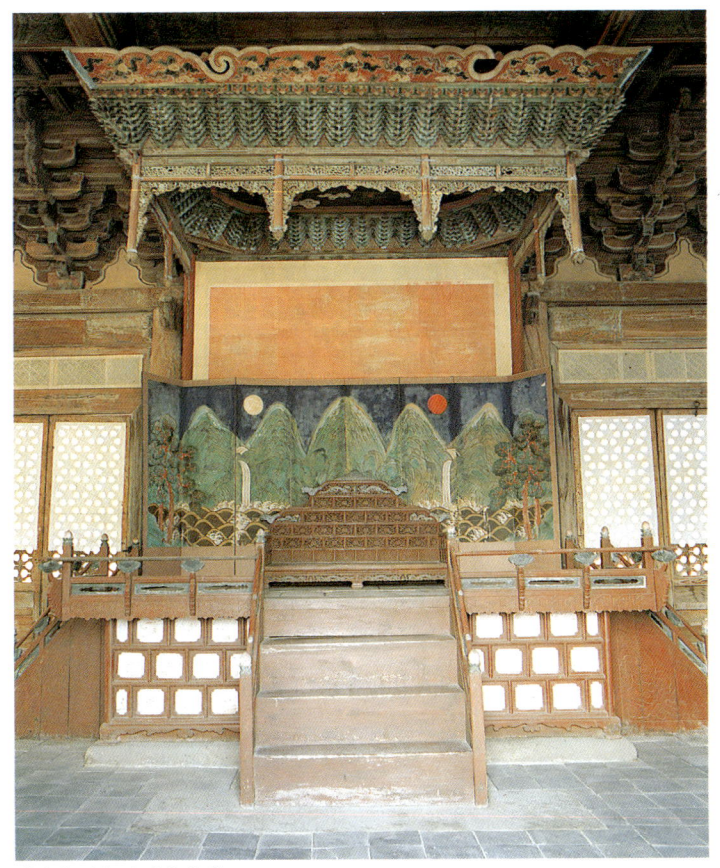

명정전 내부 보개와 용상

　각 도리는 단면형이 원형인데 하중도리만은 각형으로 하여 고식
의 수법을 볼 수 있으며 공포의 전체적인 결구(結構) 방법이나 조각
의 수법을 보면 짜임새가 대단히 견실하고 쇠서(牛舌)에 나타난
조각 솜씨 역시 힘차고 강인하게 보여 조선 초기 건물에서 볼 수
있는 기법과 유사한 점을 보게 된다.
　「궁궐지」에 보면 인조가 즉위했을 때 명정전에서 하례를 받았다
고 기록하였다.

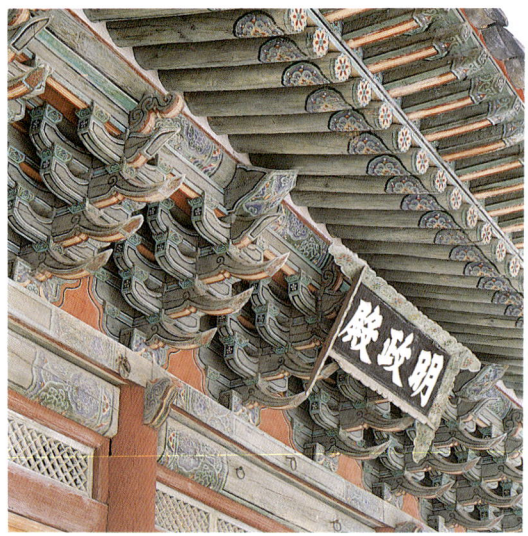

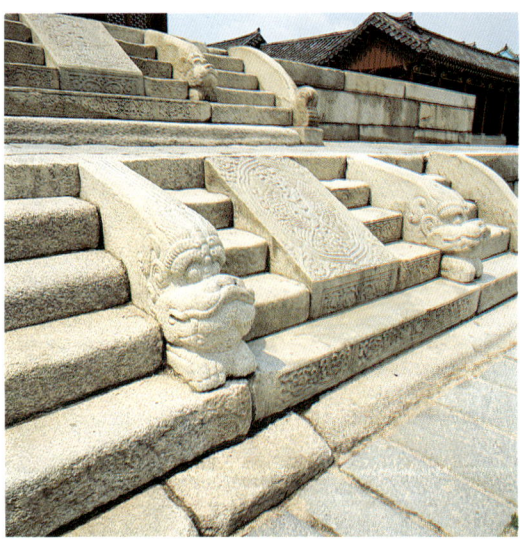

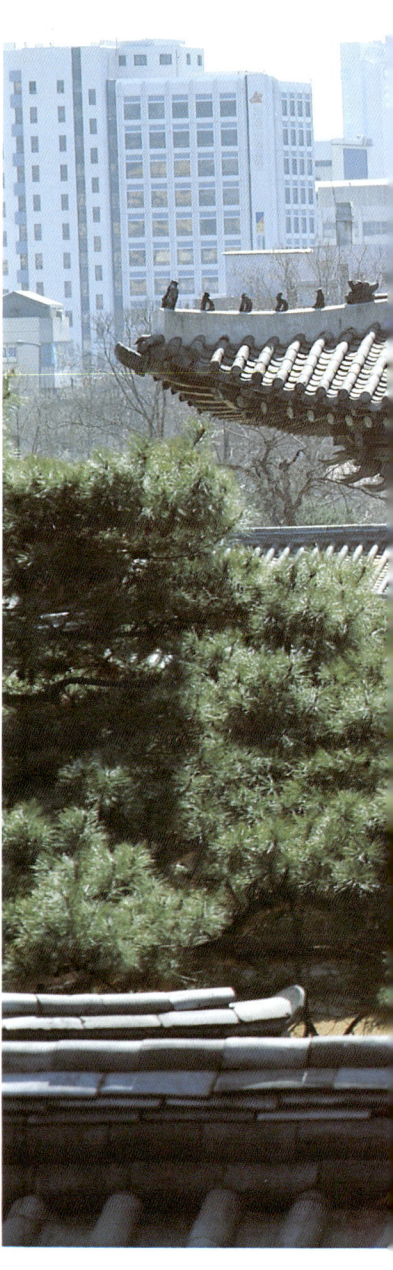

명정전 현판(맨위)
명정전 월대 전면의 계단(위)
명정전과 회랑 일곽(오른쪽)

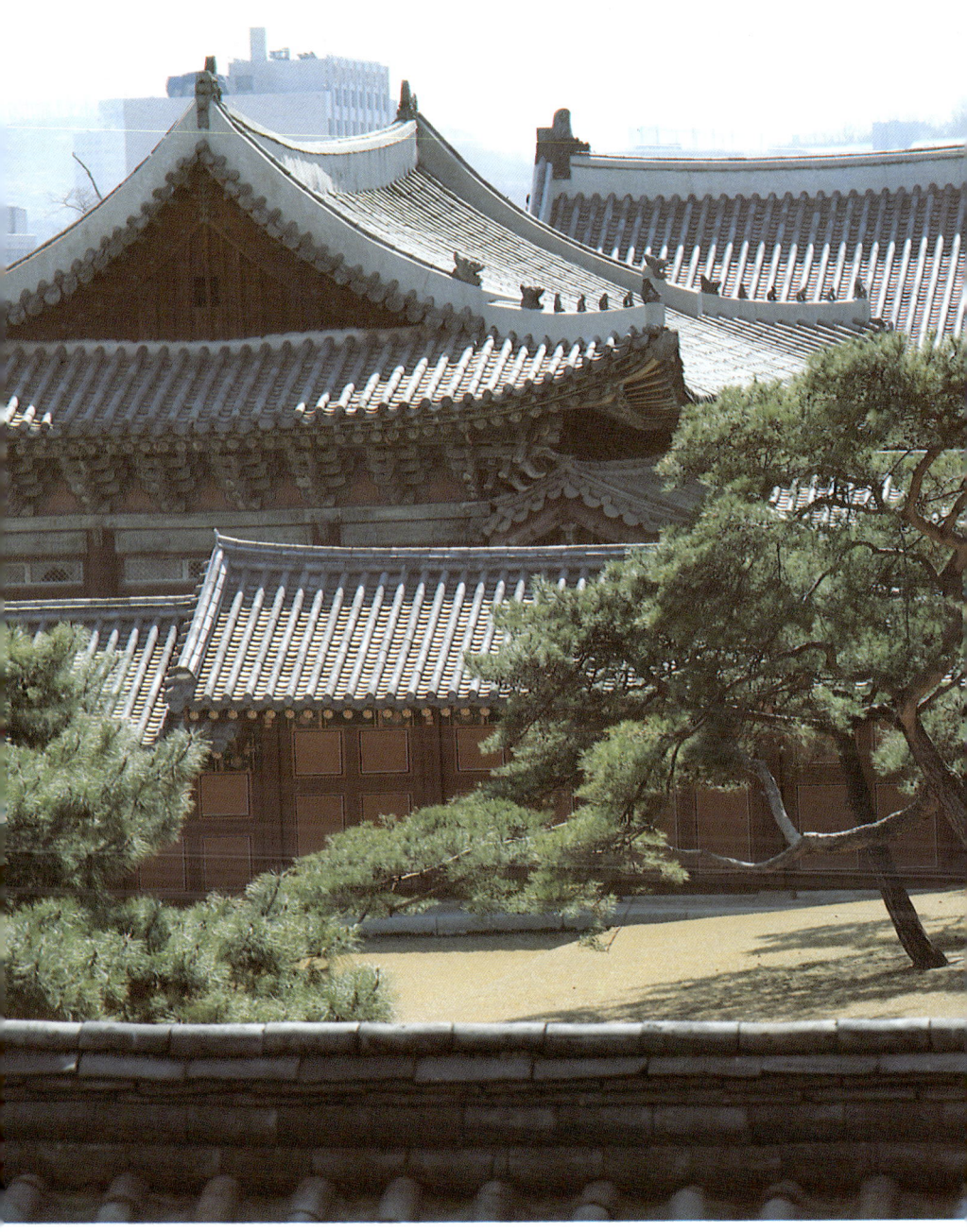

명정전 정면도　0　0.6　1.5M

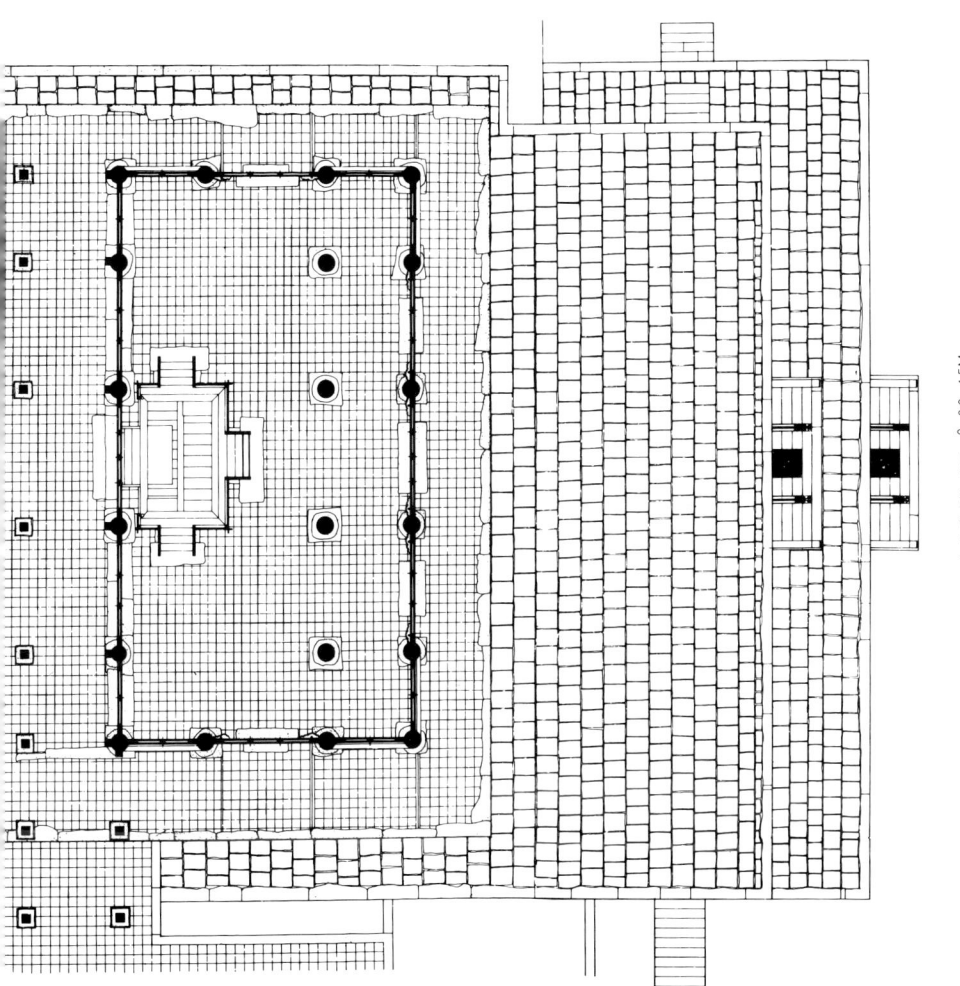

평정전 평면도  0 0.6 1.5M

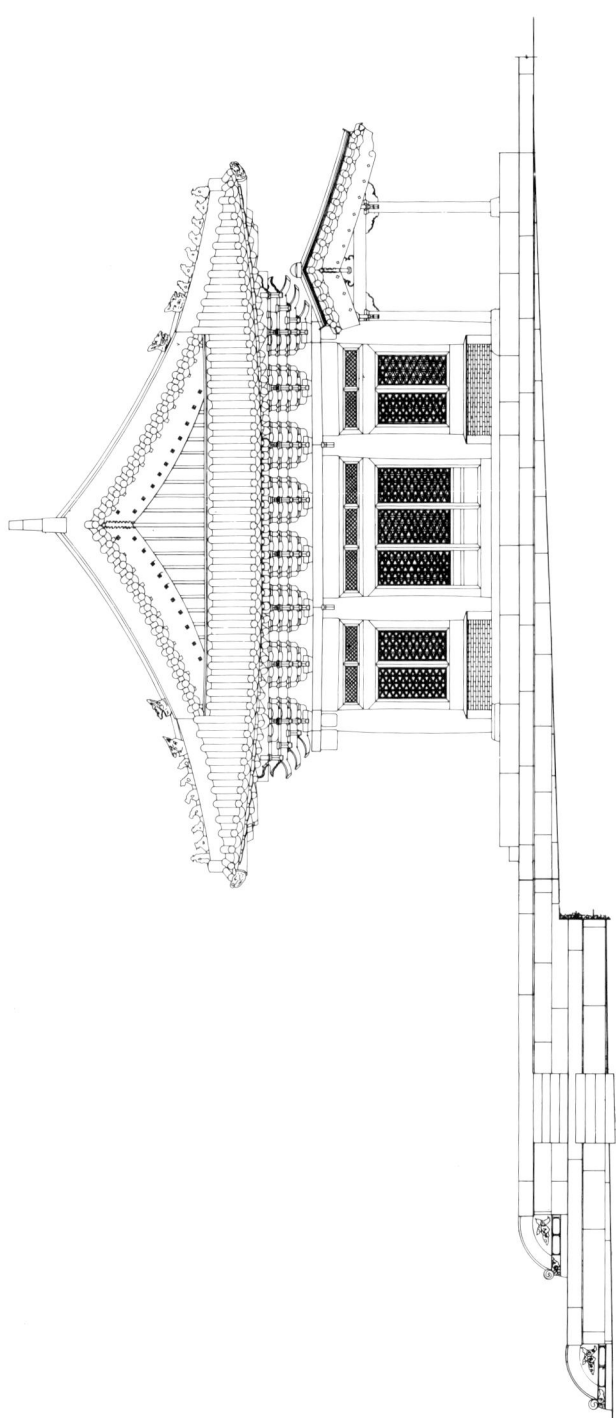

명정전 측면도   0  0.6  1.5M

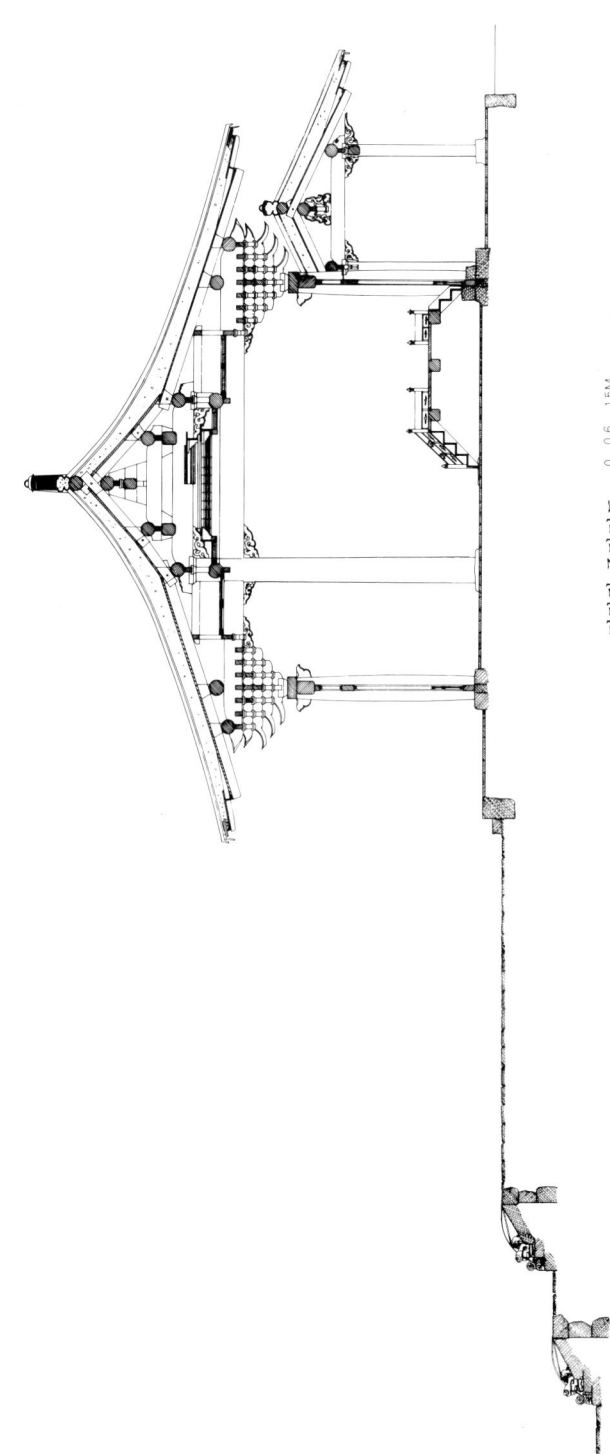

명정전 종단면도    0 0.6 15M

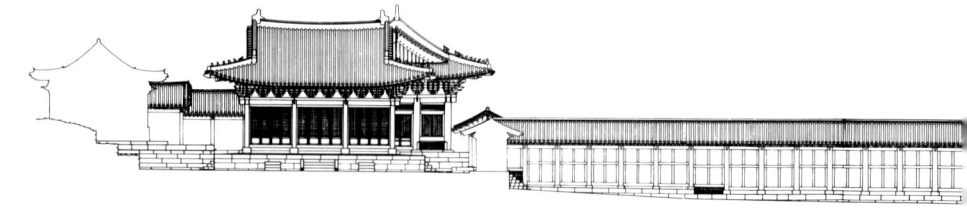

명정전 일곽 및 전개도 0 2 5M

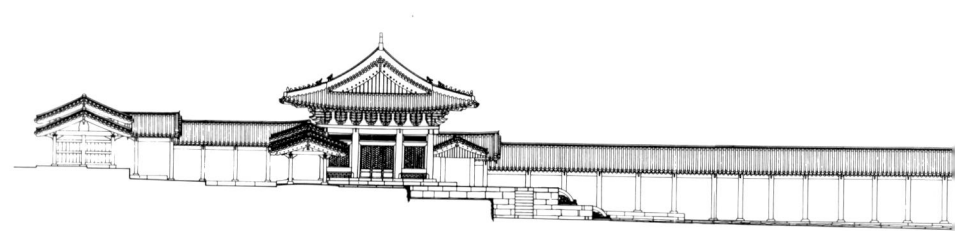

명정전 일곽 및 월랑, 행각 전개도 0 2 5M

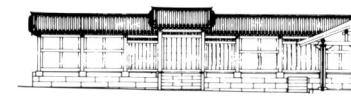

명정전과 문정전 동월랑 전개도 0 2 5M

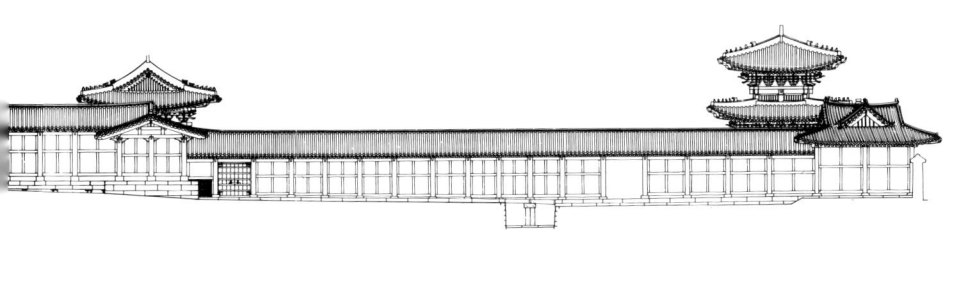

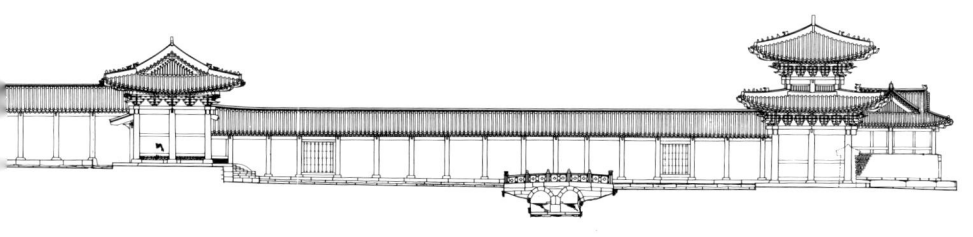

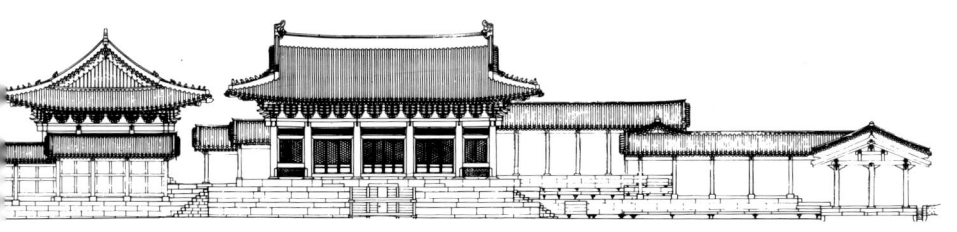

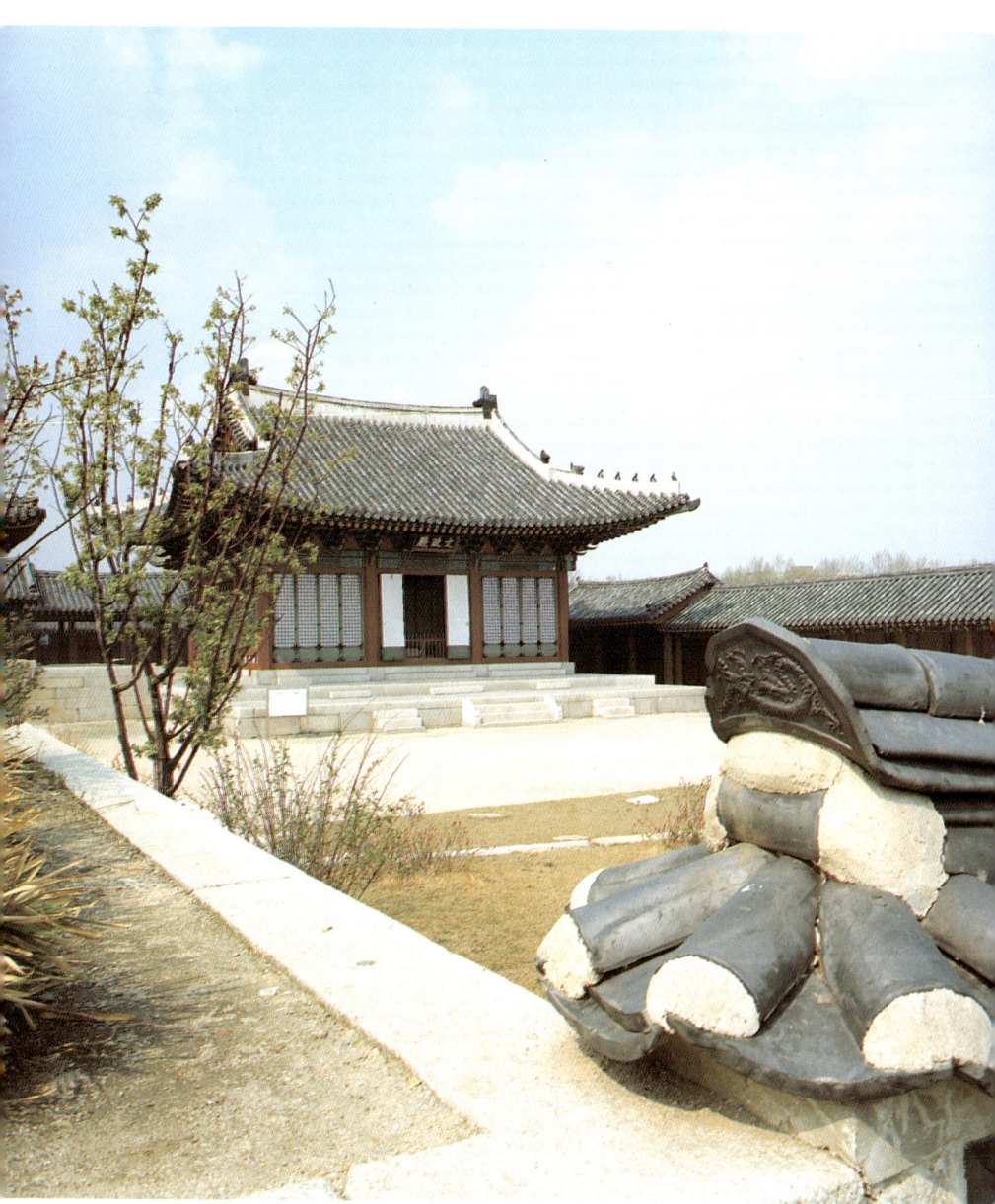

문정전(文政殿)

평시 왕이 정사를 살피던 편전으로 정면 3칸, 측면 3칸의 다포계 건물이며 팔작지붕으로 되었다.

특히 이 건물은 임진왜란 때 소실되어 광해군 때 재건하면서 창건 당시의 규모와 제도대로 공사를 진행하던 중 왕으로부터 명정전의 좌향과 같이 동향으로 바꾸고 또 격을 높여 둥근 기둥을 써야 할 것이라는 지시가 있어 반 년의 논란 끝에 원래대로 재건하는 사연이 있었다.

광해군 때 재건된 건물은 일제시대까지 전해 왔으나 언제인가 헐어 버려 1986년 발굴 조사와 문헌 고증 및 「조선고적도보」에 있는 사진 등을 참고로 재건하였다. 이와 함께 동월랑과 문정문을 재건하였으며 이 건물의 서쪽으로는 경사진 지형을 이용하여 화계 (花階)를 꾸몄다.

문정전 전경(옆면)
문정전과 문정문, 월랑(아래)

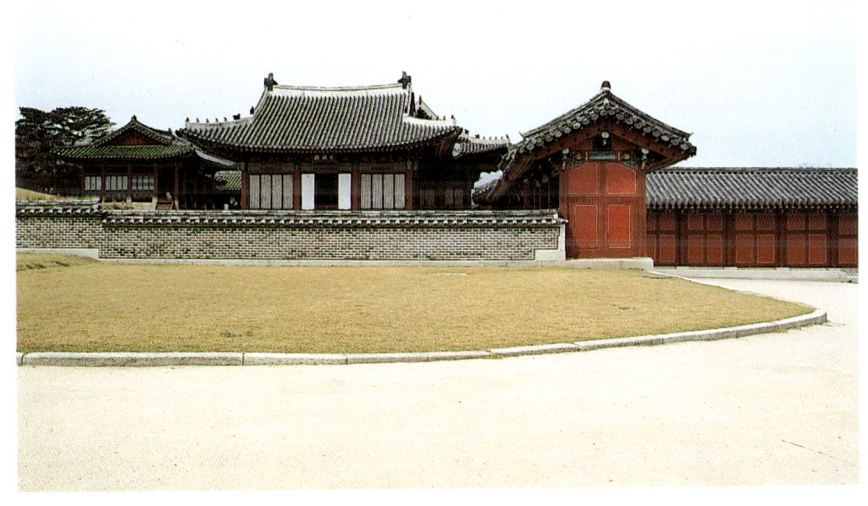

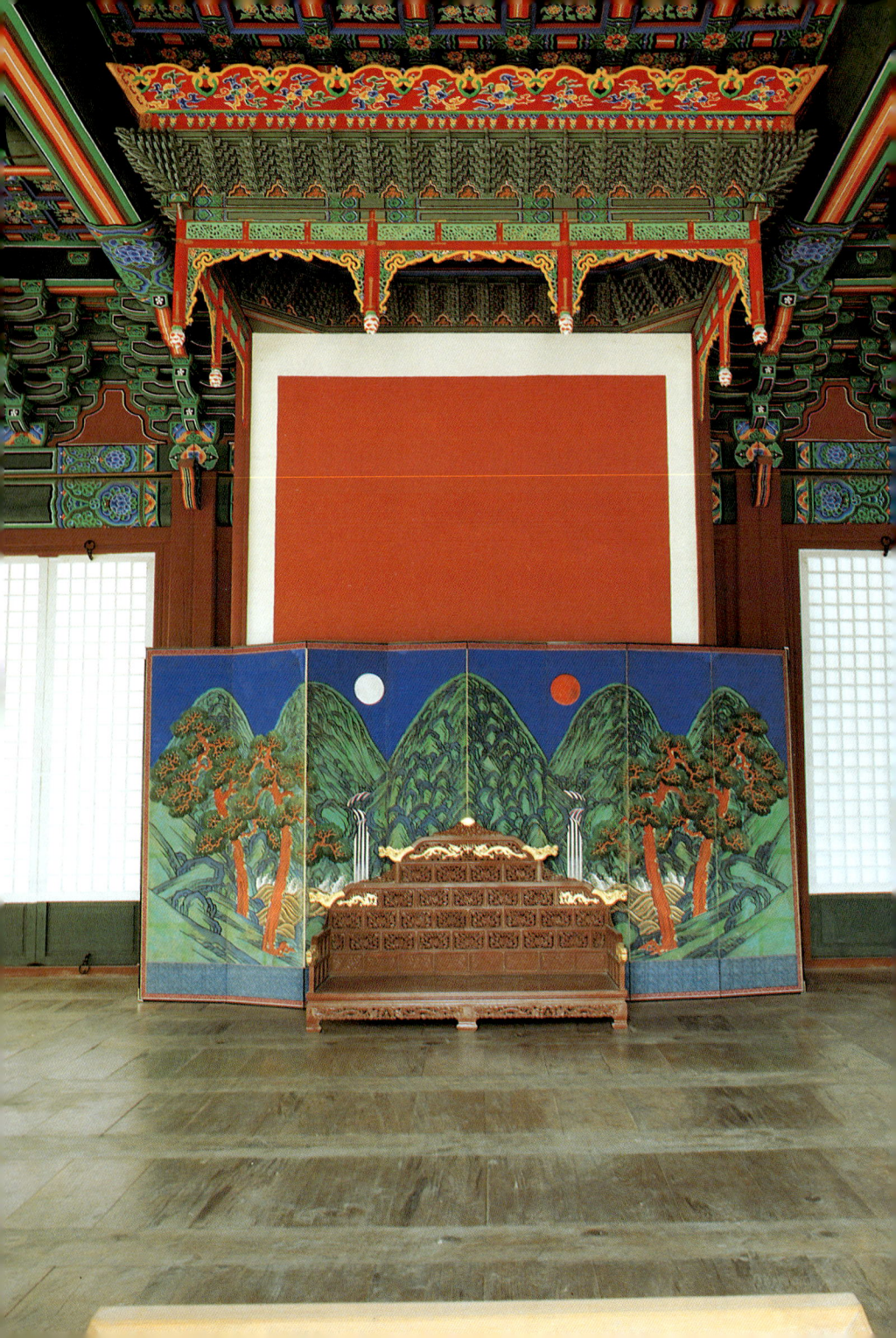

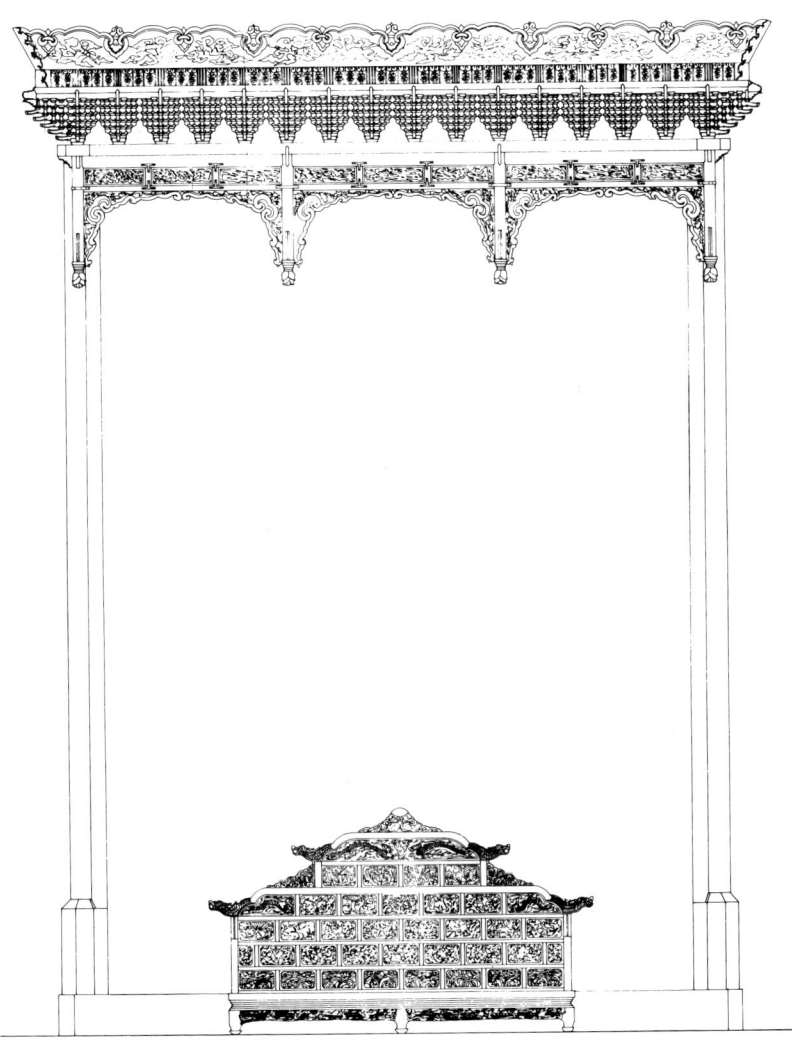

문정전 내부 용상과 보개  옆면은 현재 문정전 내부의 용상과 보개 모습이고 위는 그
입면도이다.

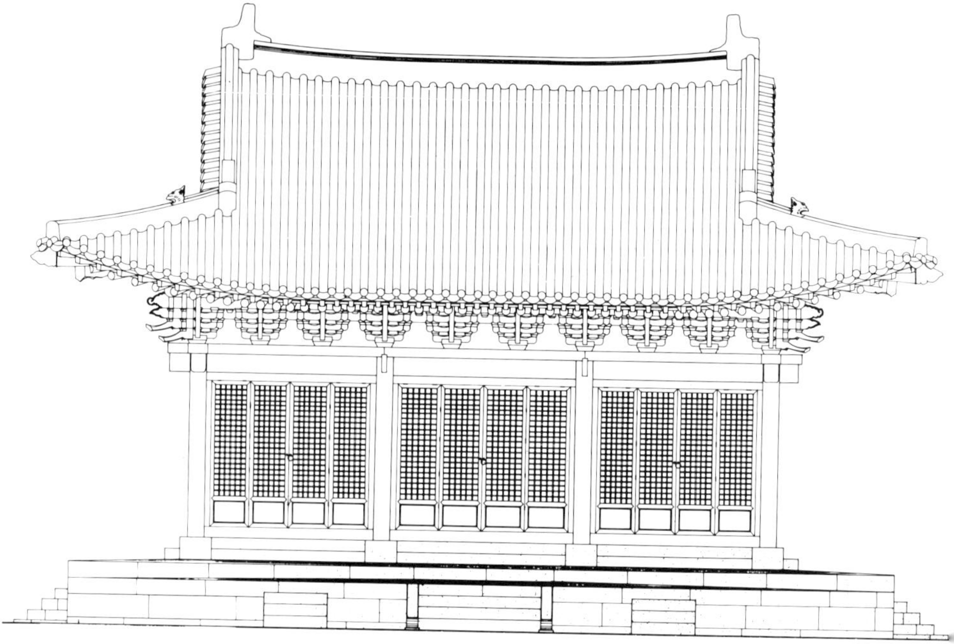

문정전 정면도  0 0.6 1.5M

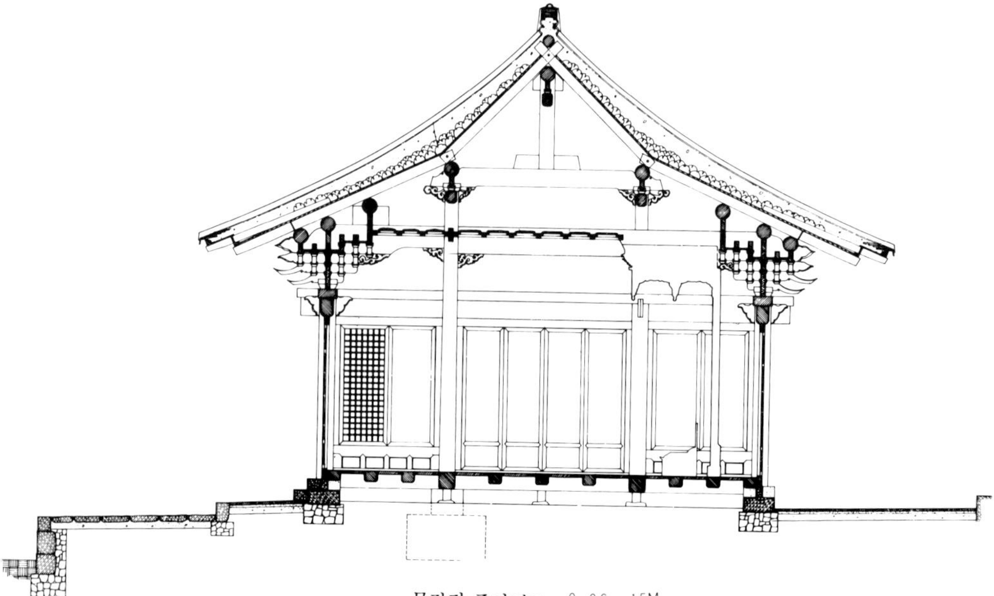

문정전 종단면도  0 0.6 1.5M

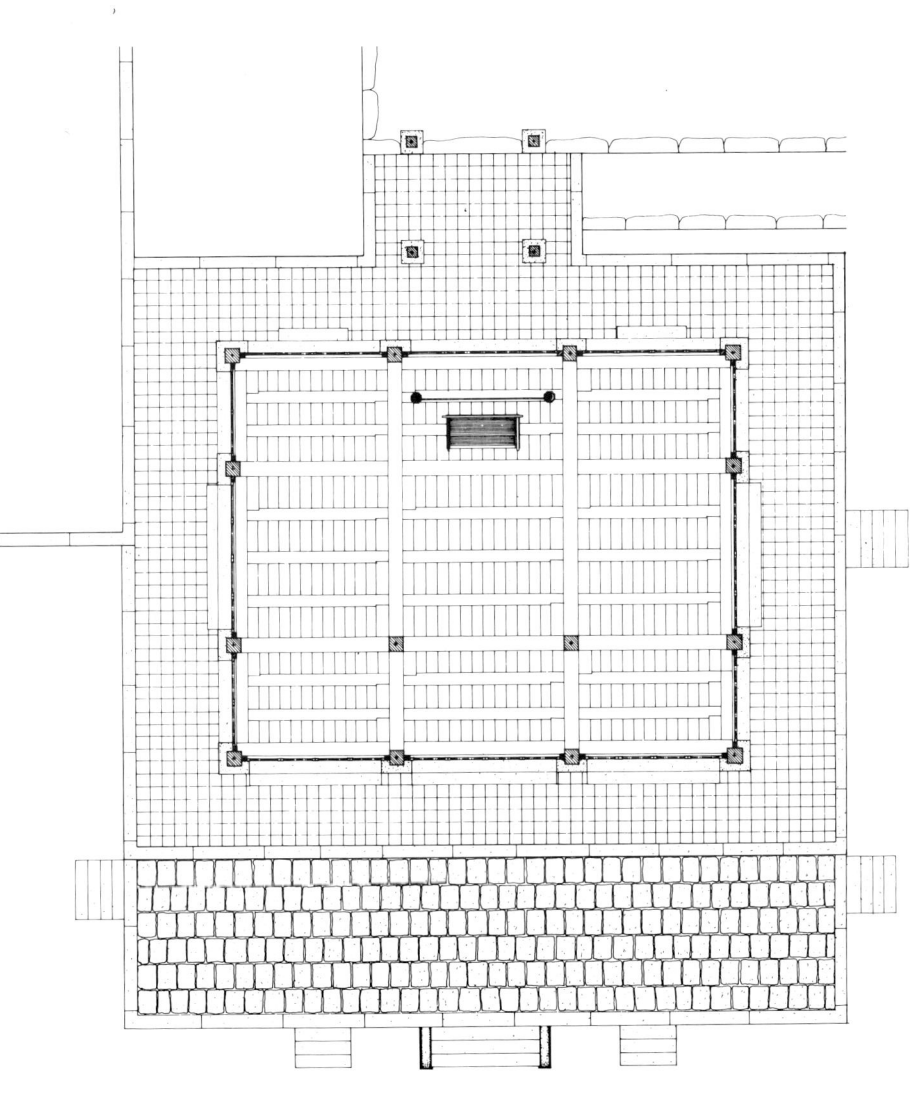

문정전 평면도    0  1   2.5 M

## 숭문당(崇文堂)

숭문당은 창경궁 건립 때에는 없었던 것으로 보인다. 곧 성종 때에 의정부 좌찬성 서거정으로 하여금 새로 지은 궁의 여러 전각 이름을 지어 올리도록 명하였는데 그 내용 가운데 숭문당의 이름은 보이지 않는다.

그 뒤 인조 11년(1633)의 「창경궁수리소의궤」에 보면 "12칸의 숭문당을 수리하였다" 하였고 「영조실록」에서는 "숭문당은 광해군 조에 건립된 것으로 편액의 숭문이라는 뜻은 숭유지의(崇儒之意)이다"라고 하여 임진왜란 뒤 광해군 때 창경궁을 중건하면서 건립한 것으로 보인다. 숭문당은 순조 30년(1830)에 화재를 당하여 순조 34년 내전 일곽과 함께 중건되었다.

영조는 특히 학문을 숭상하고 영재를 양성하였는데 이곳에서 친히 태학생(太學生)들을 접견하기도 하고 때로는 주연을 베풀어 그들을 격려하기도 하였다. 숭문당의 현판과 "일감재자(日監在茲)"라고 쓰인 편액은 영조의 어필이다.

숭문당은 명정전의 뒤쪽에 있는 건물로 정면 4칸, 측면 3칸에 익공계 양식이며 팔작지붕으로 되었는데 외전 지역 안에 있는 건물이면서도 격을 낮추어 건축 양식이 간결하며 서까래만 걸고 부연을 설치하지 않은 홑처마로 꾸몄다.

이 건물은 지형에 따라 뒷면은 단층으로 처리하고 전면은 높직한 방형의 장주초석을 세워 누각처럼 받쳤다. 이 누마루의 양쪽에는 목조 계단을 놓아 오르도록 하였으며 전면에는 소박한 월대를 두어 별도의 간소한 의식을 거행할 수 있도록 하였다.

**숭문당 처마** 숭문당은 익공계 양식이며 팔작지붕으로 되었다. 외전 지역 안에 있는 건물이면서도 격을 낮추어 건축 양식이 간결하며 서까래만 걸고 부연을 설치하지 않은 홑처마로 꾸몄다.(옆면 위)
**숭문당 현판**(옆면 아래)

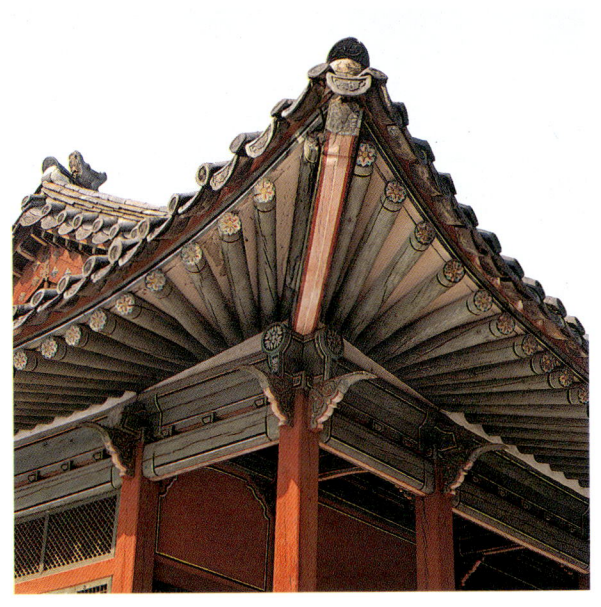

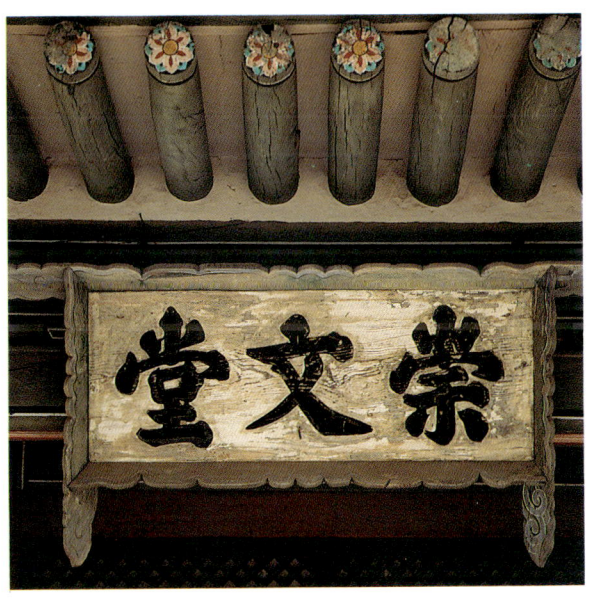

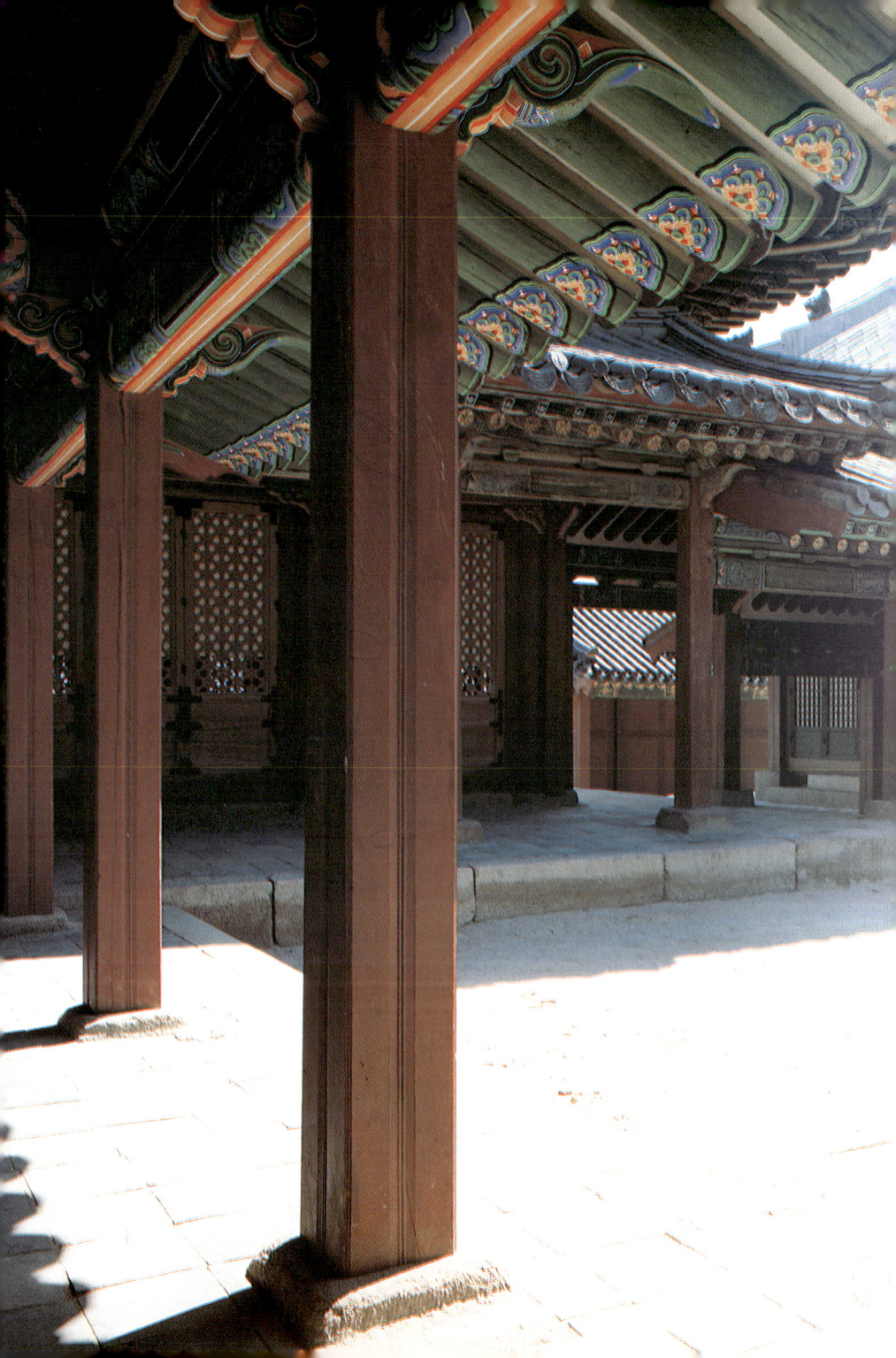

### 빈양문(賓陽門)

숭문당 북쪽에 연접되어 있는 이 문은 치조 공간(외전)과 연조 공간(내전)을 연결하는 통로의 개폐 기능을 갖는 문으로 명정전의 뒷면 중앙 어칸 앞으로 설치된 복도를 따라가다 이 문을 나서면 바로 내전으로 들어서게 되어 북쪽으로 함인정, 경춘정, 환경전이 눈에 들어온다.

이 문은 「궁궐지」에 간단한 규모가 기록되어 있고 1986년 중건 공사 때 발굴 조사를 토대로 재건하였다.

**빈양문**  빈양문은 명정전의 뒷면 중앙 어칸 앞으로 설치된 복도에 연결된 치조 공간과 연조 공간을 연결하는 문이다.(왼쪽, 아래)

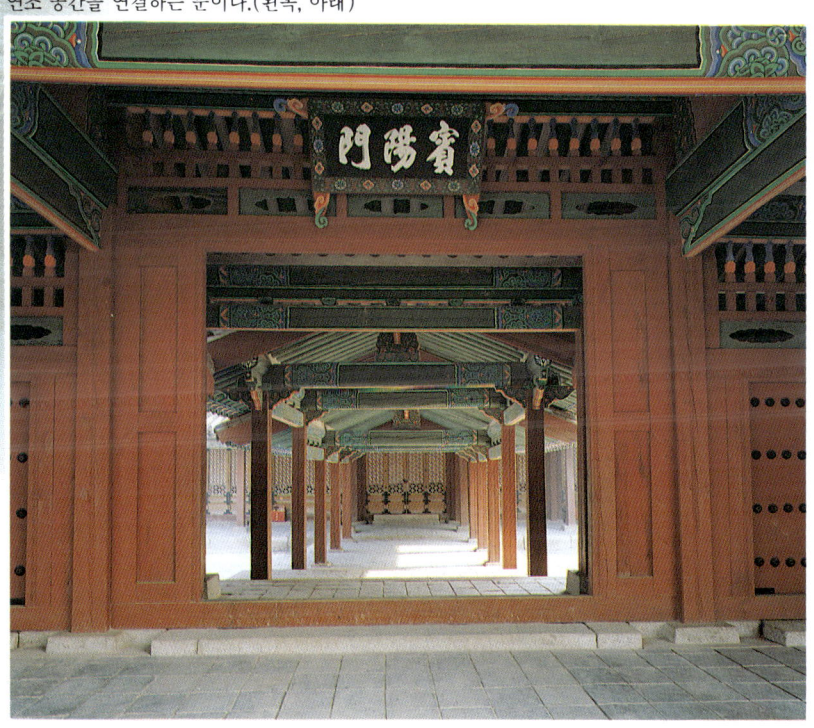

### 함인정(涵仁亭)

이곳에는 원래 성종 때 세운 인양전(仁陽殿)이 있었는데 임진왜란 때 불에 타서 인조 11년(1633) 인경궁(仁慶宮)의 전각을 헐어 이건하였으나 순조 30년 또다시 불에 타서 순조 34년(1834)에 재건하였다 한다.

높직한 세벌대의 장대석 기단을 만들고 그 위에 각주를 세운 정면 3칸, 측면 3칸의 정자 건물로 2익공계 양식에 팔작지붕으로 되었다. 기둥은 내진주와 외진주를 세웠는데 내진주와 외진주의 기둥열이 맞지 않아 특이하며 내부 바닥은 우물마루를 깔았는데 내진 공간의 마루 바닥이 외진 공간보다 한 단 높게 하였고 내진 공간의 천장은 우물천장을 하였으나 외진 공간 곧 둘레의 툇간 공간은 연등천장으로 되어 있다.

「영조실록」에 의하면 영조는 이 건물에서 문무과에 급제한 사람들을 접견하였다 하였으며 함인정 부근에는 광해군 때 창건되었던 흠명전(欽明殿)이 있었다 한다.

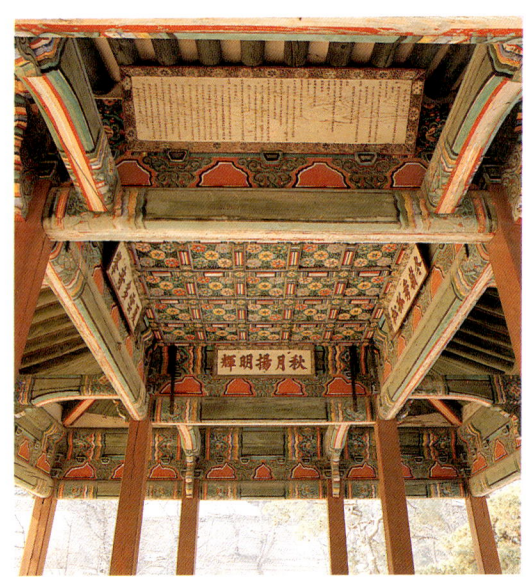

**함인정 내부의 천장** 내진 공간의 천장은 우물천장을 하였으나 외진 공간 곧 둘레의 툇간 공간은 연등천장으로 되었다.

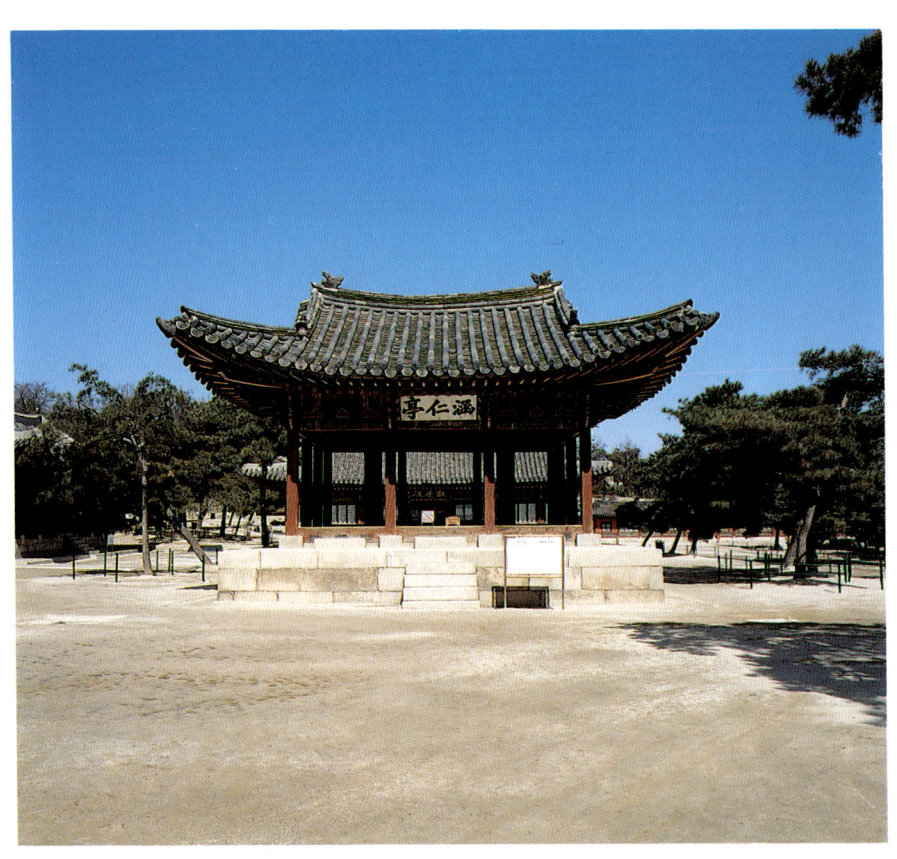

**함인정 전경**  이곳에는 원래 성종 때 세운 인양전이 있었는데 임진왜란 때 불에 타서
인조 11년(1633)에 인경궁의 전각을 헐어 이건하였으나 순조 30년 또다시 불에
타서 순조 34년(1834)에 재건하였다.

### 경춘전(景春殿)

경춘전은 성종 14년에 창건되었으나 임진왜란 때 불에 타서 광해군 8년에 재건하였는데 다시 순조 30년에 불에 타서 순조 34년에 재건된 건물로 현판은 순조의 어필이다.

이 건물은 같은 해에 건립된 환경전과 구조, 세부 기법 등이 비슷하다. 내전의 일반적인 수법대로 각초석에 각주를 세운 이 건물은 정면 7칸, 측면 4칸 규모에 2익공 양식이며 팔작지붕으로 되었다. 내부는 모두 널마루로 깔려 있으나 '동궐도형'의 평면 내용을 보면 원래는 좌우의 각 2칸이 방으로 되어 있고 중앙부는 우물마루로 되어 있었음을 볼 수 있다.

이 곳에서는 제22대 정조와 제24대 헌종이 태어났고 소혜왕후(昭惠王后), 인현왕후(仁顯王后), 헌경혜빈 홍씨(獻敬惠嬪 洪氏) 등이 돌아가신 곳으로 경춘전은 여러 왕후들이 거처하였던 내전의 중요 전각이었음을 알 수 있다.

경춘전의 풍혈

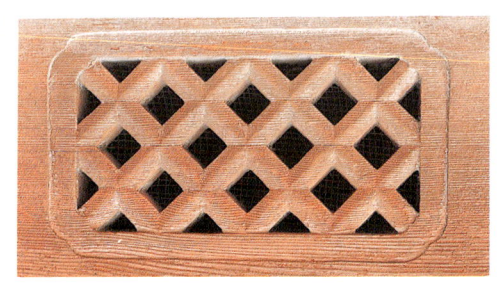

경춘전의 널마루

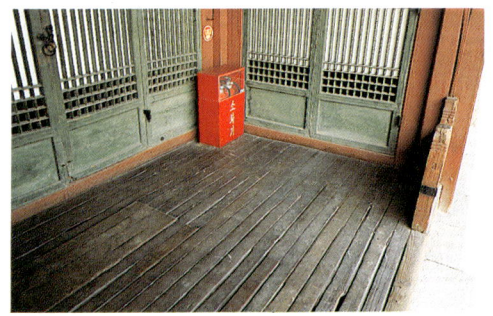

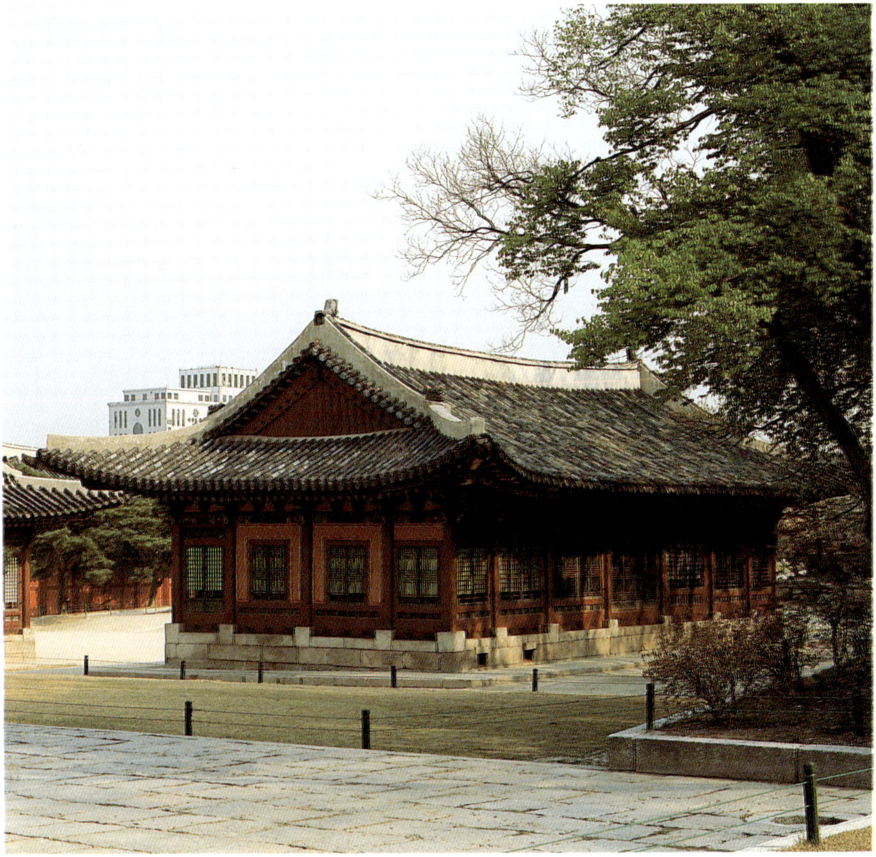

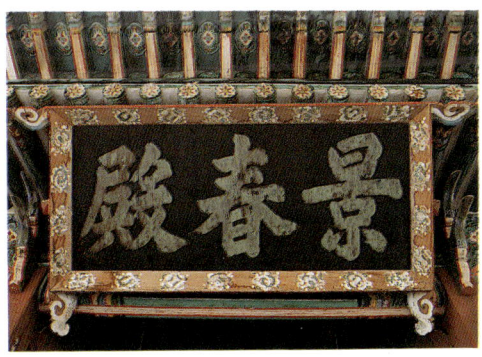

경춘진 전경(위)
경춘전 현판(왼쪽)

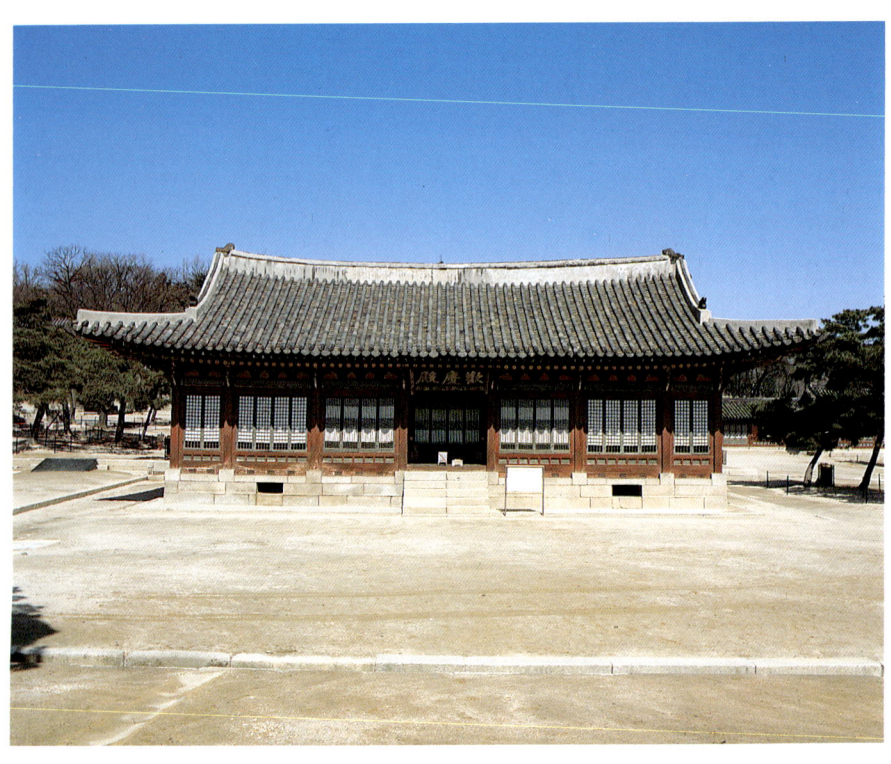

**환경전** 환경전은 성종 15년에 창건되었으나 임진왜란 때 소실되어 광해군 8년에 중건
하였는데 인조 2년에 다시 소실되었다. 곧 중건하였지만 순조 30년 또 화재를 당하여
순조 34년에 중건한 건물이다.

## 환경전(歡慶殿)

환경전은 성종 15년에 창건되었으나 임진왜란 때 소실되어 광해군 8년에 중건하였는데 인조 2년(1624) '이괄의 난' 때 다시 소실되어 곧 중건하였으나 순조 30년 또 화재를 당하여 순조 34년에 중건하였다.

이 건물은 정면 7칸, 측면 4칸에 2익공계 양식이며 팔작지붕으로 일반적인 건축 수법은 경춘전과 유사하다.

이곳에서는 제11대 중종이 승하하였고 그 뒤 순조의 왕세자인 익종(翼宗;등극 전에 승하하여 추존됨)이 승하하였을 때에는 빈궁(殯宮)으로 사용되기도 하였다. 경춘전과 같이 내전의 중요 전각 가운데 하나이다.


## 통명전(通明殿)

통명전은 창경궁 내전의 정전으로 궁 안 내전의 전각 가운데 가장 규모가 크며 전면에는 내전 건물로는 유일하게 월대를 두고 서쪽에는 지당(池塘)을 설치하였다. 모든 면이 화려하여 내전을 대표할 만한 건물이다.

이 건물은 성종 15년에 창건되고 임진왜란 때 소실되어 광해군 8년에 중건하였으나 정조 14년에 다시 소실되어 순조 34년 내전의 여러 전각을 중건할 때 함께 중건하였다.

남향한 전면에는 월대를 두고 월대 전면 양 모서리에는 청동제 드므를 놓았으며 월대 뒷부분에 외벌대의 기단을 두어 방형 초석을 놓고 방주를 세워 정면 7칸, 측면 4칸의 평면을 구성하였다. 앞뒷면의 중앙 3칸은 툇간부를 두어 개방하였다.

현재 내부 바닥은 모두 우물마루로 꾸몄으나 원래 좌우측 각 2칸씩은 온돌방으로 꾸몄음이 1984년 발굴 조사 때 연도지(煙道址)가 노출됨으로써 확인되었다.

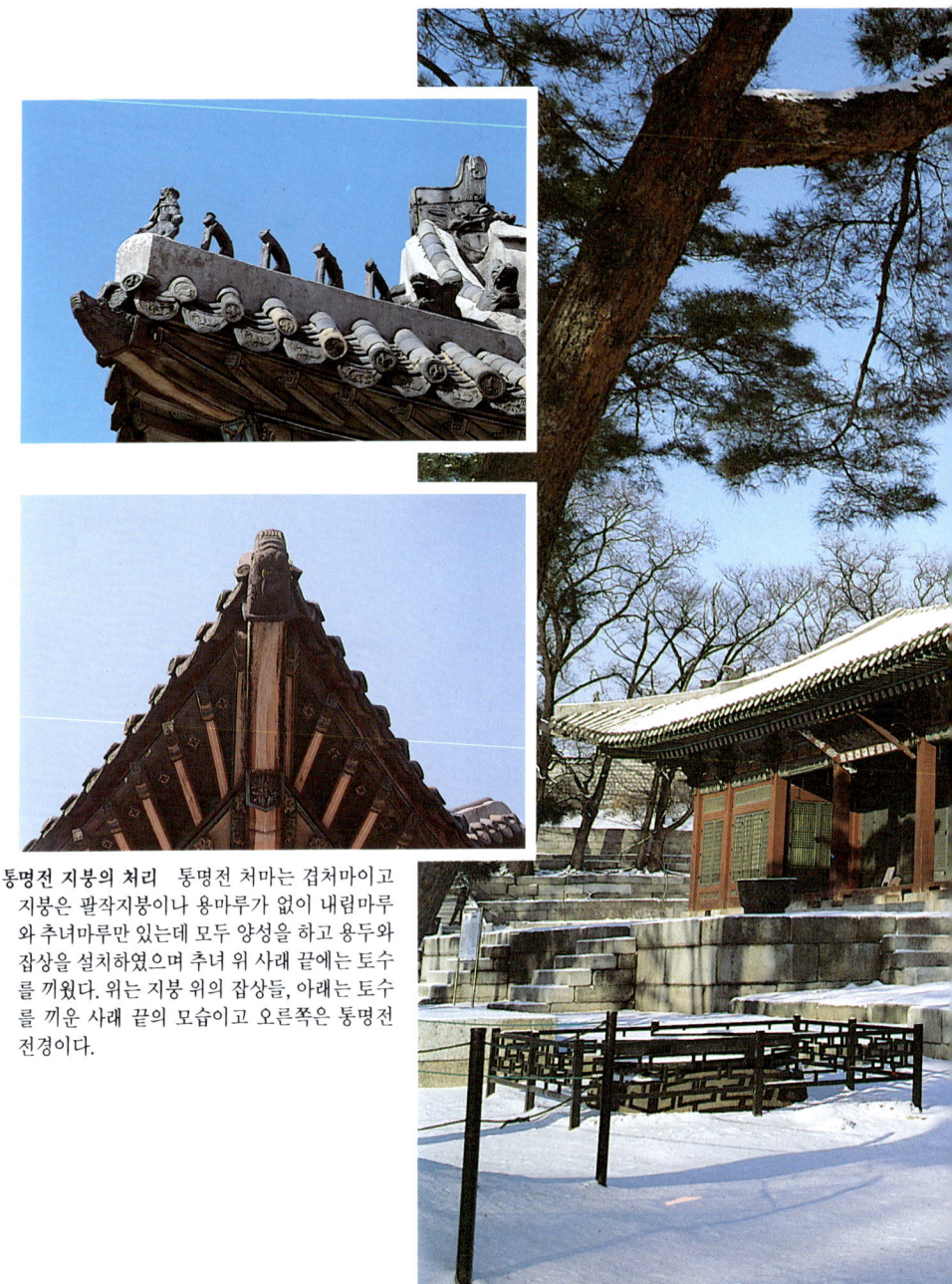

**통명전 지붕의 처리**  통명전 처마는 겹처마이고 지붕은 팔작지붕이나 용마루가 없이 내림마루와 추녀마루만 있는데 모두 양성을 하고 용두와 잡상을 설치하였으며 추녀 위 사래 끝에는 토수를 끼웠다. 위는 지붕 위의 잡상들, 아래는 토수를 끼운 사래 끝의 모습이고 오른쪽은 통명전 전경이다.

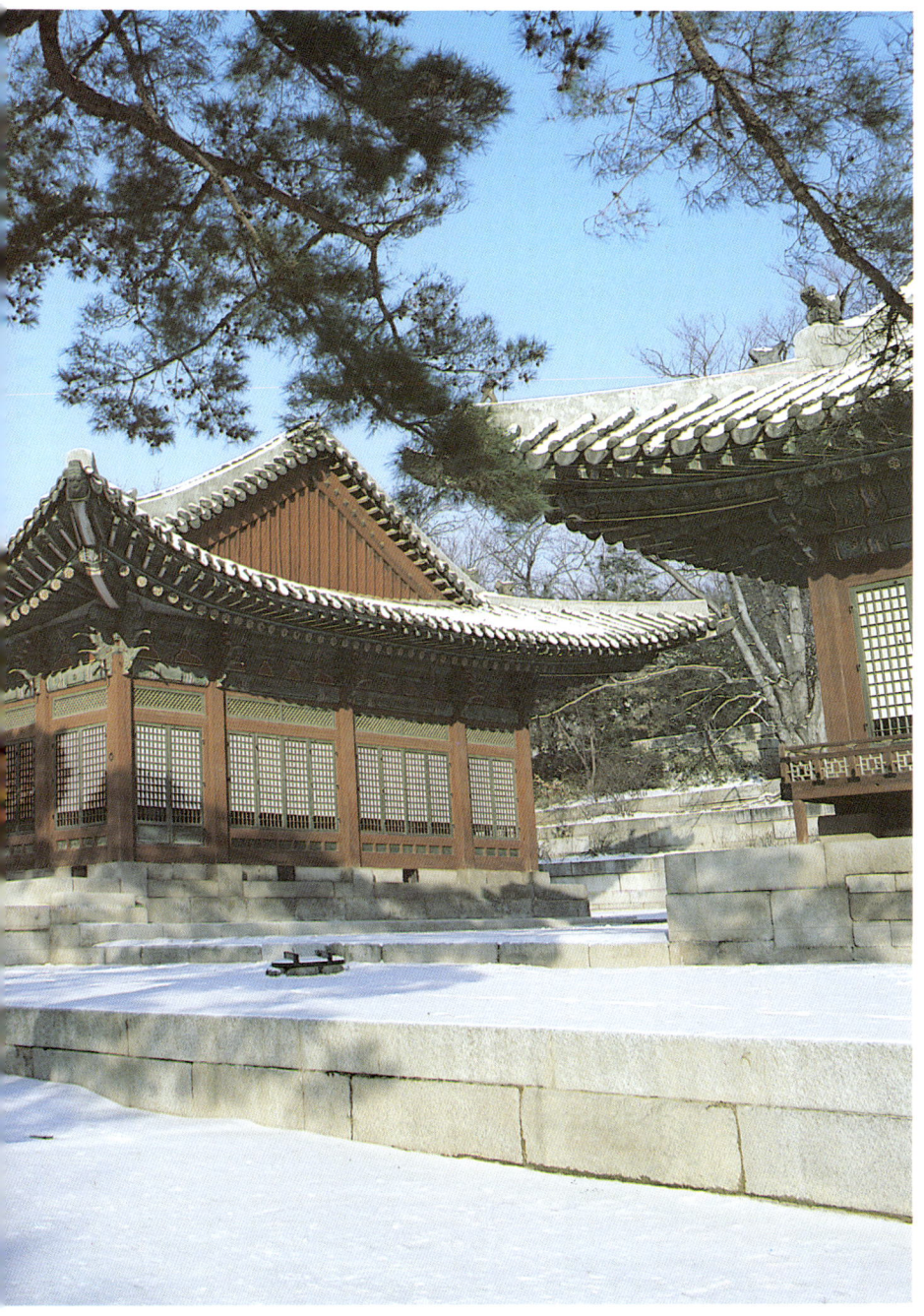

중앙 3칸의 내진 공간은 천장이 우물천장으로 되었고 툇간의 천장은 연등천장이며 중앙 3칸을 제외한 좌우 각 2칸 곧 과거의 온돌방 천장은 종이 천장으로 되었다. 공포는 2익공으로 결구되었고 주칸에는 장화반(長華盤)을 두었는데 익공의 수법은 부재 상면이 거의 수평으로 내뻗고 아랫부분은 초각(草刻)한 조선조 후기 궁궐 건축에서 흔히 사용하던 수법이다.

가구 구조는 중앙 3칸이 2고주 7량가 형식이며 온돌방이었던 좌우측 칸은 3고주 7량가로 구성하였는데 앞뒷면의 툇간에서는 퇴량을 고주에 끼운 형식이다. 이 건물의 구조에서 특이한 것은 종도리가 쌍(雙)으로 있다는 것이다. 이러한 쌍종도리가 궁궐 내전의 정전 건물에 사용되고 있는 예로는 창덕궁의 대조전에서 볼 수 있고 지금은 없어졌으나 경복궁 교태전의 도면 자료를 통해 볼 수 있다.

이러한 구조는 이 건물이 지붕 구조에서 용마루를 설치하지 않고 지붕면의 기와가 용마루 위치에서 그대로 곡선으로 넘어가기 위한 일정한 면적 확보가 하나의 이유였을 것이며 또 다른 의미로는 왕과 왕비의 침전으로서의 깊은 뜻도 있지 않았나 생각된다.

처마는 겹처마이고 지붕은 팔작지붕이나 용마루가 없이 내림마루와 추녀마루만 있는데 모두 양성을 하고 용두와 잡상을 설치하였으며 추녀 위 사래 끝에는 토수(吐首)를 끼웠다.

이곳에서 명종비인 인순왕후(仁順王后)가 승하하였다 한다. 또한 통명전의 서쪽으로는 남북 길이 12.8미터, 동서 폭이 5.2미터인 장방형의 지당(池塘)이 있는데 지당의 사면 벽체는 장대석으로 쌓고 지안(池岸) 둘레에는 돌난간을 정교하게 조각하여 둘렀다. 지당 위에는 남쪽으로 치우쳐 길이 5.94미터, 폭 2.56미터의 간결한 돌다리를 설치하였는데 지당 중앙부에 간결한 교각(橋脚)을 세우고 그 상부 곧 돌다리의 중간 부분은 약간 높게 들어 올려 불룩하게 하였

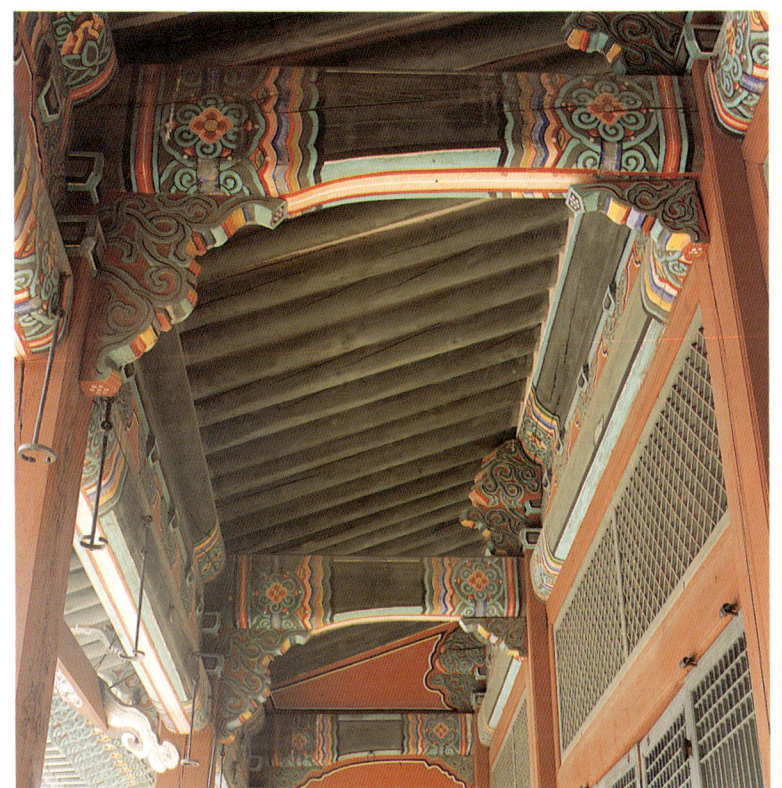

**통명전 툇간의 천장과 가구재**  통명전 중앙 3칸의 내진 공간은 천장이 우물천장으로
되었고 툇간의 천장은 연등천장이다. 공포는 2익공으로 결구되었고 주칸에는 장화반
을 두었는데 익공의 수법은 부재 상면이 거의 수평으로 내뻗고 아랫부분은 초각한
조선조 후기 궁궐 건축에서 흔히 사용하던 수법이다. 가구 구조는 앞뒷면 툇간에서는
퇴량을 고주에 끼운 형식이다.

다. 지당 속에는 석분(石盆)에 심은 괴석(怪石) 두 개와 기물(器物)
을 받쳤던 앙련대석 하나가 서 있다.

이 지당의 북쪽 4.6미터 거리에는 샘이 있어 이 샘에서 솟아나는
물을 직선으로 설치한 석구(石溝)를 통하여 지당 속에 폭포로 떨어
져 들어가게 만들었다.

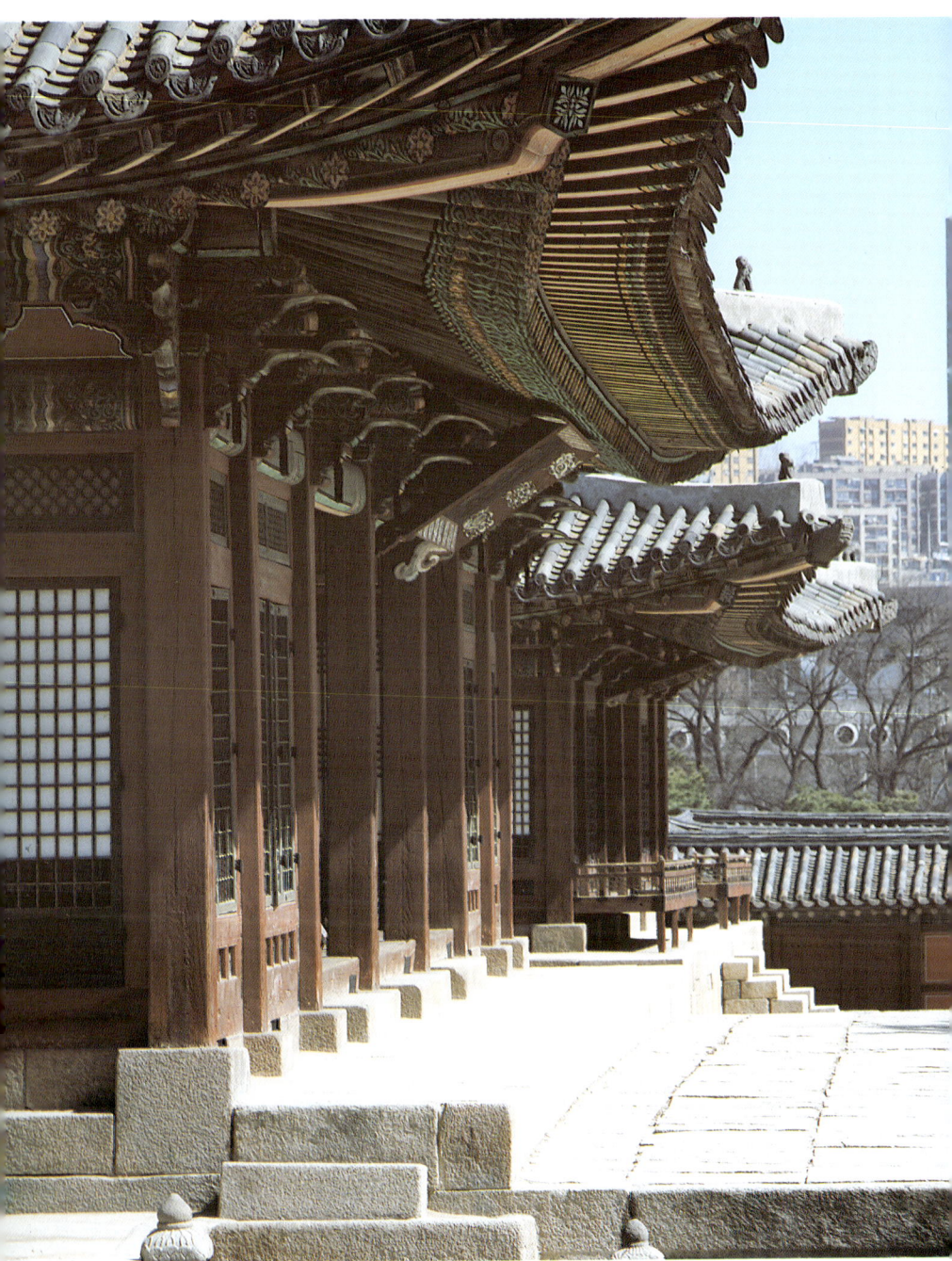

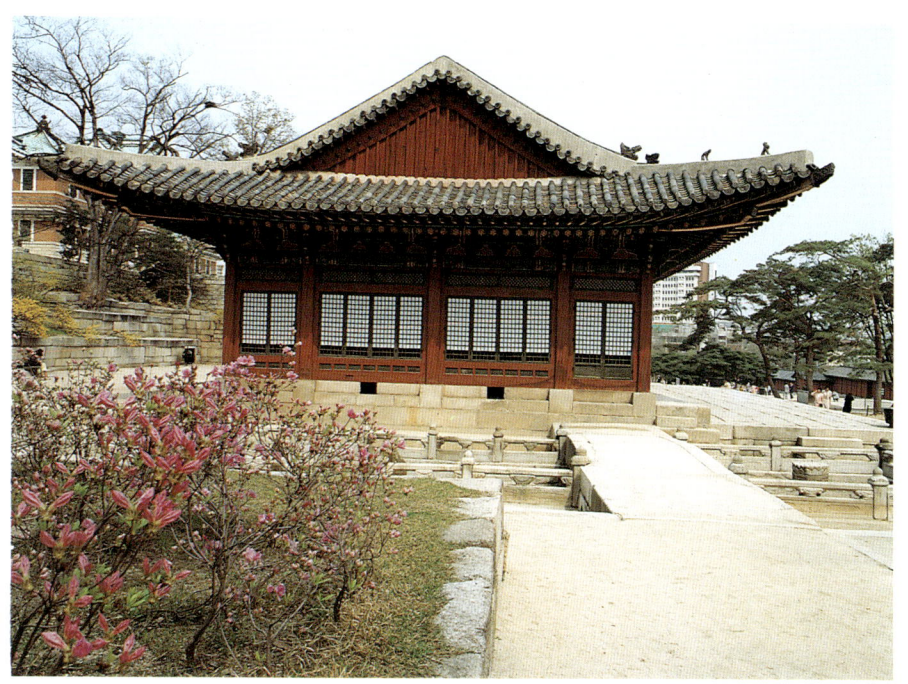

**통명전** 통명전은 내전 건물로는 유일하게 월대를 두고 서쪽에는 지당을 설치하였다. 남북 길이 12.8미터, 동서 폭 5.2미터인 장방형의 지당은 사면 벽체를 장대석으로 쌓고 지안 둘레의 돌난간을 정교하게 조각하여 둘렀다.(옆면, 위)

　「성종실록」'16년 4월 13일조'에 시강관(侍講官) 정성근이 지당에 물을 끌어들이는 수통(水桶)을 동철(銅鐵)로 만든 것이 사치스럽다는 내용을 말하고 있는데 이에 대하여 성종은 "통명전 앞에 샘이 있어 물이 뜰에 넘치기 때문에 이것을 못으로 끌어들이고자 하여 동철로 수통을 만들었는데 그것은 견고해서 오래갈 수 있다는 것을 취한 것이니 더 개의치 말라"고 하여 이 석구의 수로가 당초에는 동으로 만들었음을 알 수 있다.

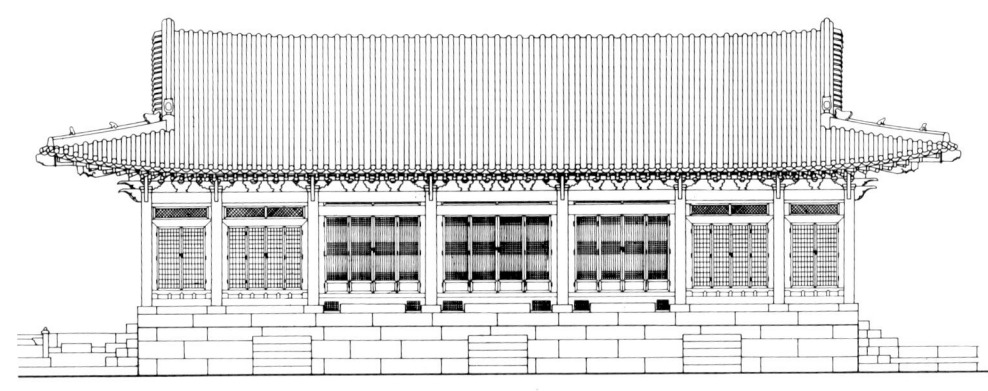

통명전 정면도　　0　1　2.5 M

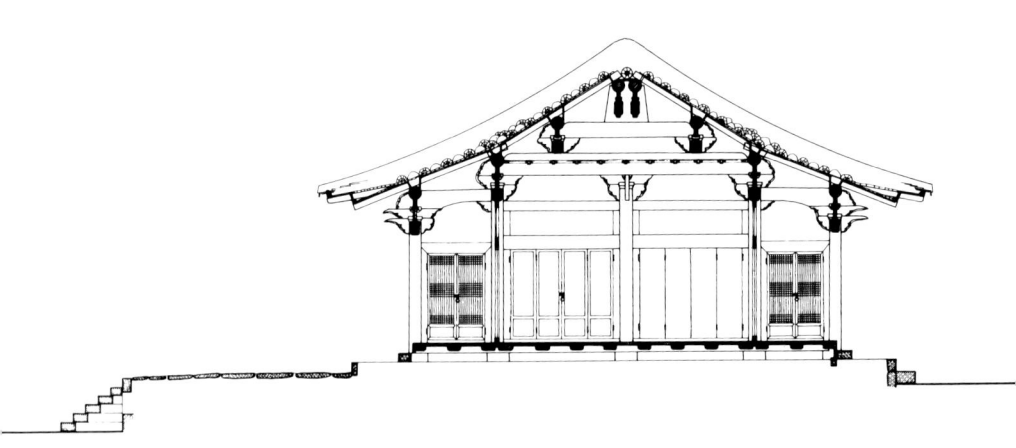

통명전 종단면도　　0　1　2.5 M

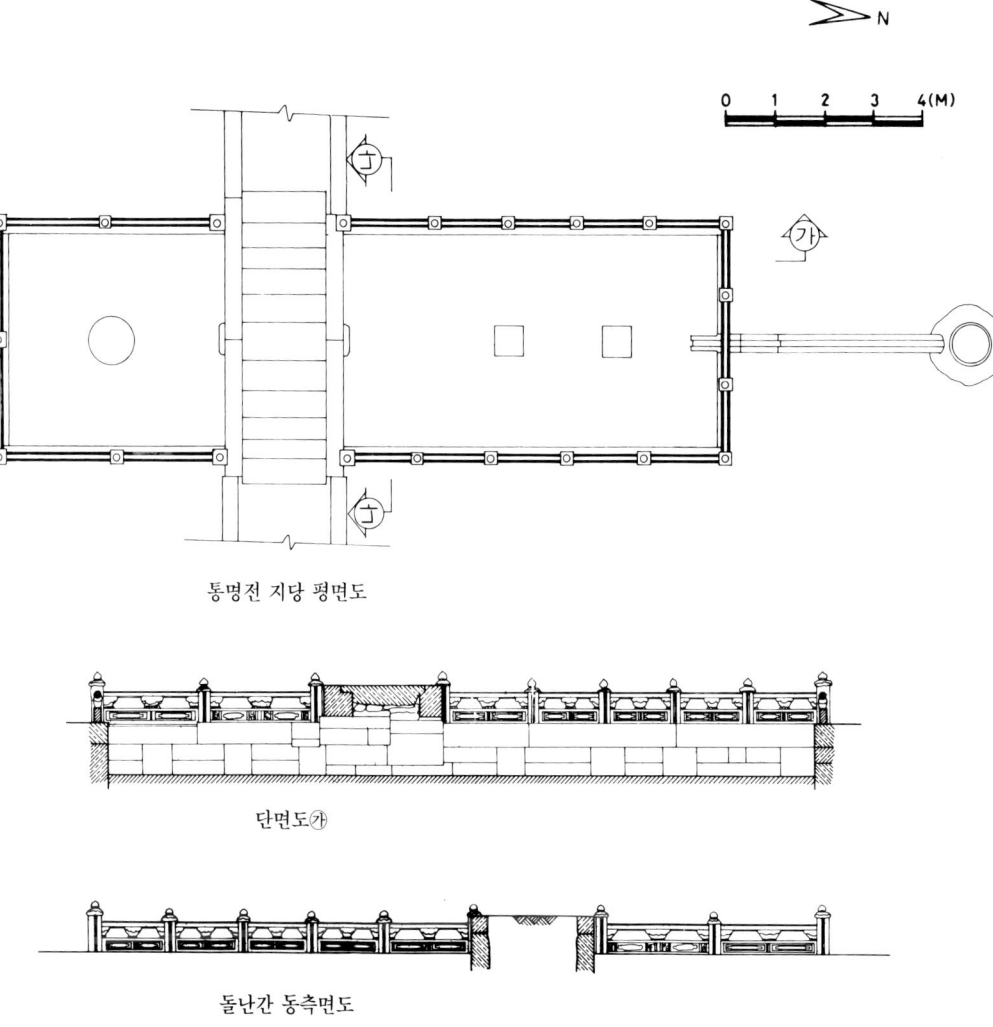

N

0 1 2 3 4(M)

통명전 지당 평면도

단면도 ㉮

돌난간 동측면도

단면도 ㉯

돌난간 남측면도

### 양화당(養和堂)

통명전의 동쪽에 위치한 건물로 성종 15년에 창건되었으나 임진왜란 때 소실되어 광해군 8년에 중건하였는데 인조 2년 이괄의 난 때 다시 소실되어 중건하였으나 순조 30년 창경궁 화재 때 다시 소실되어 순조 34년에 중건하였다.

인조 14년(1636) 병자호란 때에는 인조가 일시 남한산성에 피난하였다가 이듬해 환궁하여 거처한 일이 있고 고종 15년(1878)에는 철종비인 철인왕후(哲仁王后)가 승하한 곳으로 현판은 순조의 어필이다.

이 건물은 정면 6칸, 측면 4칸에 초익공 양식이며 팔작지붕으로 되었다. 기둥머리를 연결한 창방 위에는 화반이 없이 소로(小累)만을 두어 굴도리와 장혀를 받치도록 간소하게 처리하였다. 내부 바닥은 우물마루와 널마루를 혼용하였는데 우물마루 부분은 원래의 대청 공간이며 널마루가 깔려 있는 부분은 온돌방이 있었던 곳으로 여겨진다. 또한 정면이 6칸으로 됨에 따라 중앙부에 기둥이 세워지고 중앙부 2칸을 툇간으로 하여 개방하였다.

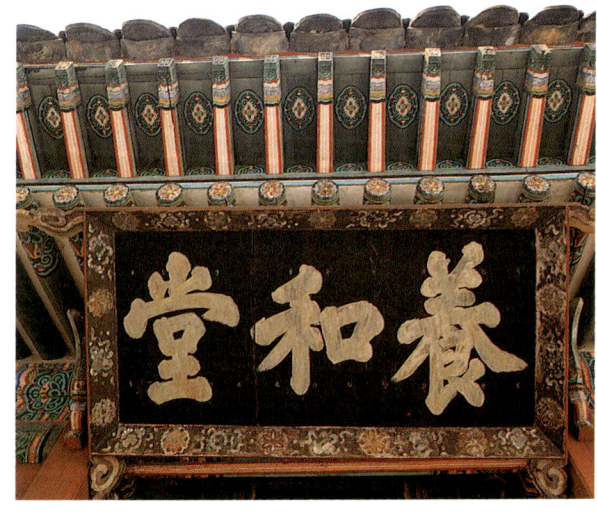

양화당 현판

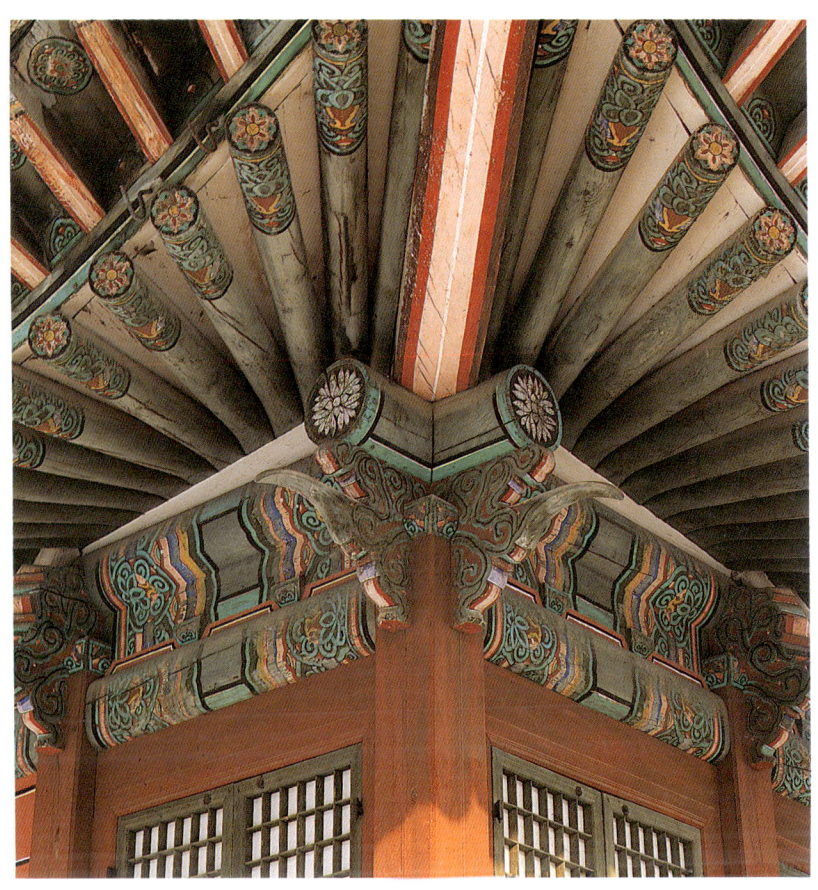

**양화당 기둥머리 부분**   이 건물은 정면 6칸, 측면 4칸에 초익공 양식이며 팔작지붕으로
되었다. 기둥머리를 연결한 창방 위에는 화반이 없이 소로만을 두어 굴도리와 장혀를
받치도록 간소하게 처리하였다.

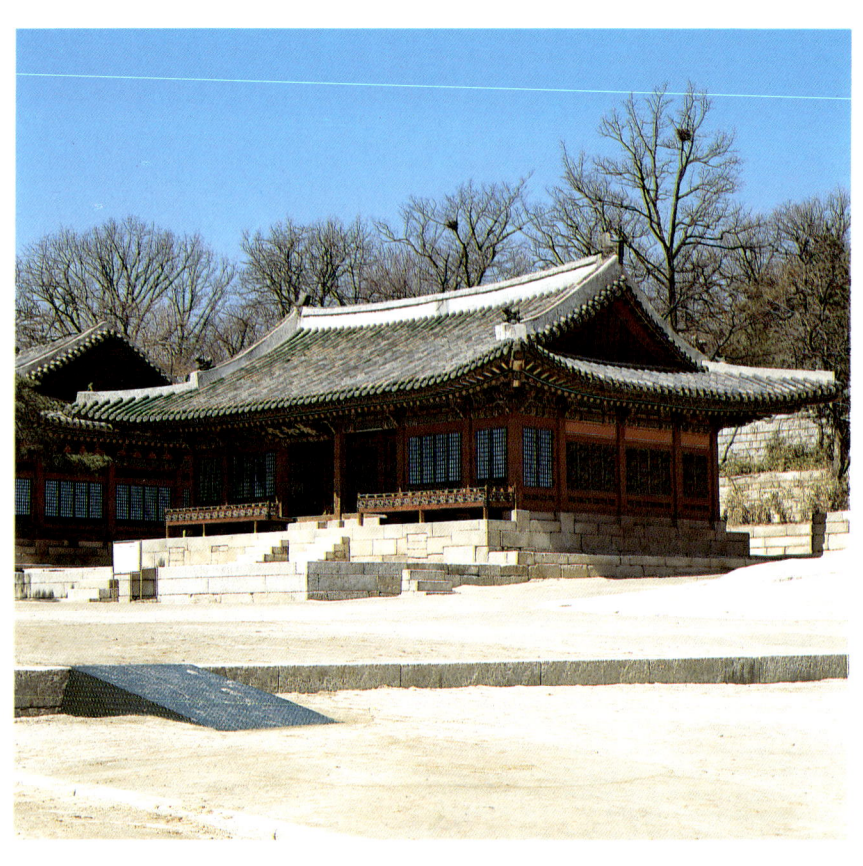

**양화당 전경** 통명전 동쪽에 위치한 건물로 성종 15년에 창건되었으나 임진왜란 때
소실되어 광해군 8년에 중건하였는데 인조 2년 이괄의 난 때 다시 소실되어 중건하
였으나 순조 30년 창경궁 화재 때 다시 소실되어 순조 34년에 중건하였다.

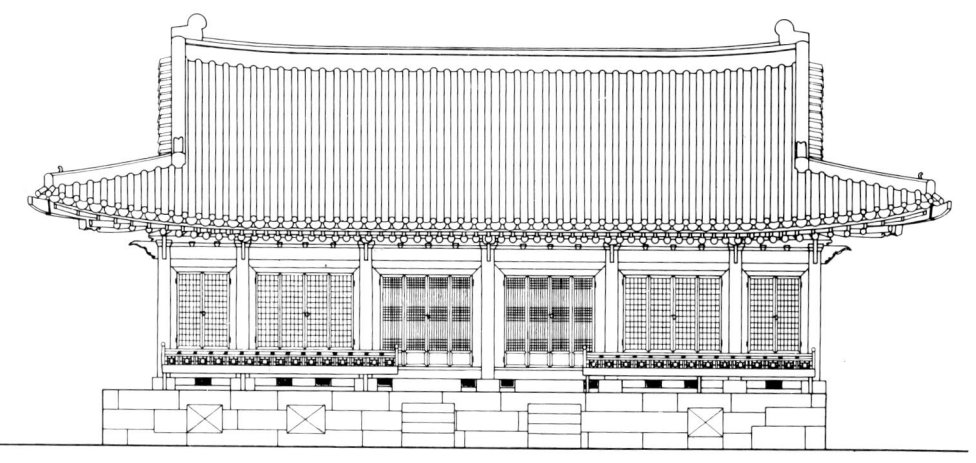

양화당 정면도

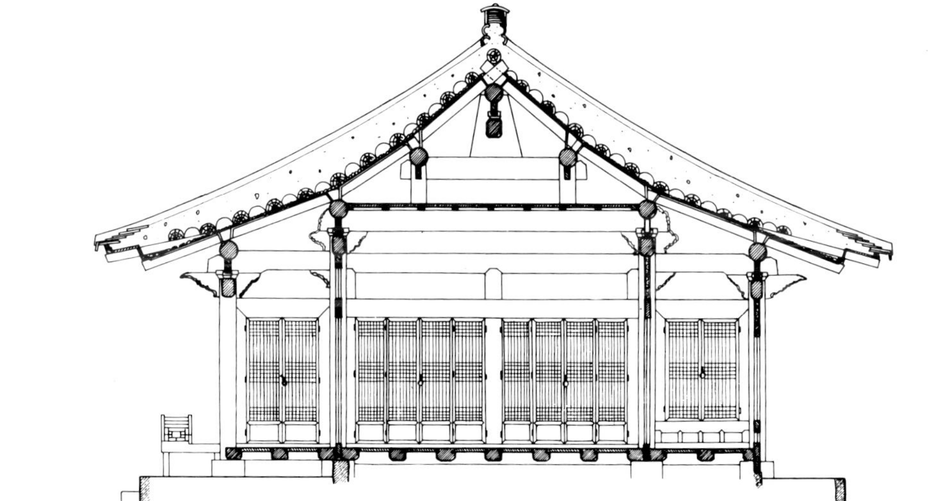

양화당 종단면도

### 영춘헌(迎春軒)

영춘헌은 내전 건물이며 집복헌(集福軒)은 영춘헌의 서행각으로 초창 연대는 알 수 없다.

집복헌에서는 영조 11년(1735)에 사도세자가 태어났고 정조 14년(1790) 6월에는 순조가 태어났으며 정조는 영춘헌에서 거처하다가 재위 24년(1800) 6월 승하하였다.

순조 30년(1830) 8월 1일 오전 화재가 발생하여 환경전, 경춘전 등과 함께 소실되어 순조 34년 장남궁(長男宮)을 헐어다 그 재목으로 재건하였다.

1983년 동물사 본관에 있던 창경원 관리 사무소가 동물사의 철거로 인하여 이곳으로 옮겨 임시 관리 사무소로 사용되다가 1986년 중건 공사 때 창경궁 관리 사무소를 신축하고 이 건물은 변형된 부분을 보수하였다.

영춘헌은 본채 5칸이 남향하여 一자형을 이루고 본채의 좌우와 뒷면으로는 행각이 둘러져 있어 ㅁ자형을 이루었으며 서쪽으로 ㅁ자형의 행각이 이어져 맞붙어 있다.

현재 이들 건물은 「궁궐지」의 내용이나 '동궐도'의 그림과는 많은 차이를 보이고 있다. 1985년 발굴 조사 때 기단의 변동 등을 확인하기 위하여 발굴 조사하였는데 영춘헌은 지표 아래 15센티미터에서 기단 밑뿌리가 확인되어 높이의 변동은 없었던 것으로 보였으나 전면 쪽으로는 구 지표가 70센티미터 이상 낮아져서 노출되어 원래는 현 영춘헌 앞쪽으로 '동궐도'에 표시된 것과 같이 몇 단의 기단이 있었던 것으로 추정되었다. 그리고 남, 서행각의 모서리 부분 남쪽을 조사한 결과 기단에서 약 1미터 거리를 두고 동서로 뻗었던 구들의 일부가 노출되어 '동궐도'에서와 같이 행각이 연결되었고 현 기단도 변형된 것으로 추정되었다. 따라서 현재의 집복헌이라고 하는 것은 그 일부만 전해 오는 것으로 여겨진다.

주위 건물과 비교해 볼 때 통명전, 경춘전, 환경전 등은 2익공식이고 양화당은 초익공식인 데 비하여 영춘헌은 기둥의 높이도 낮고 익공의 끝을 몰익공식으로 둥글게 굴려 조각하였으며 행각은 더욱 간결하게 굴도리집으로 처리하여 각 건물의 격을 엿볼 수 있다.

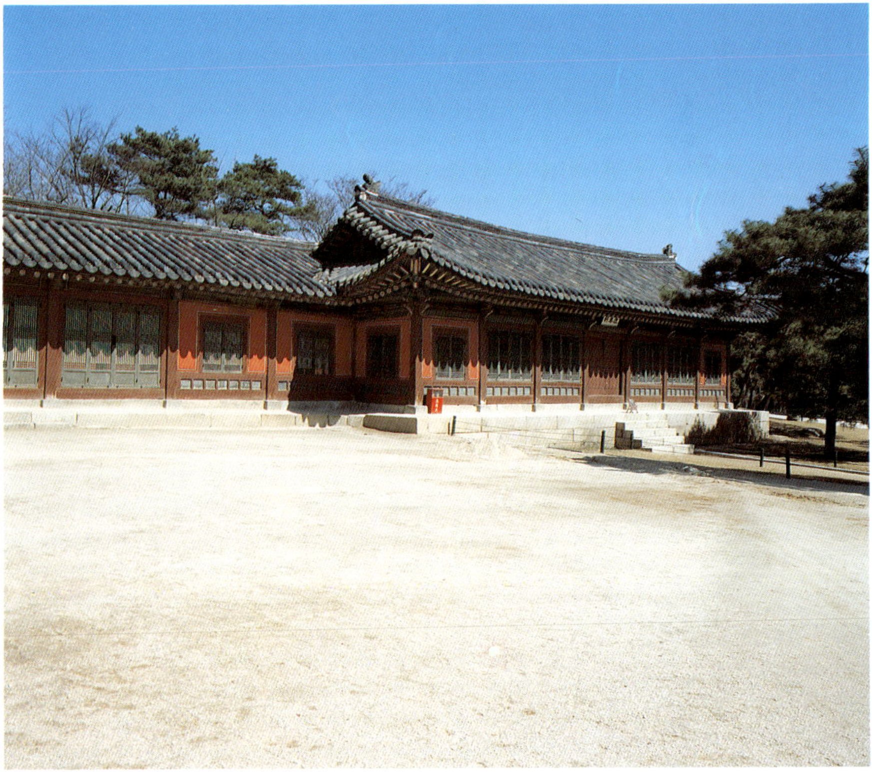

**영춘헌** 이 건물은 본채 5칸이 남향하여 一자형을 이루고 본채의 좌우와 뒷면으로는 행각이 둘러져 있어 ㅁ자형을 이루었으며 서쪽으로 ㅁ자형의 행각이 이어져 맞붙어 있다.

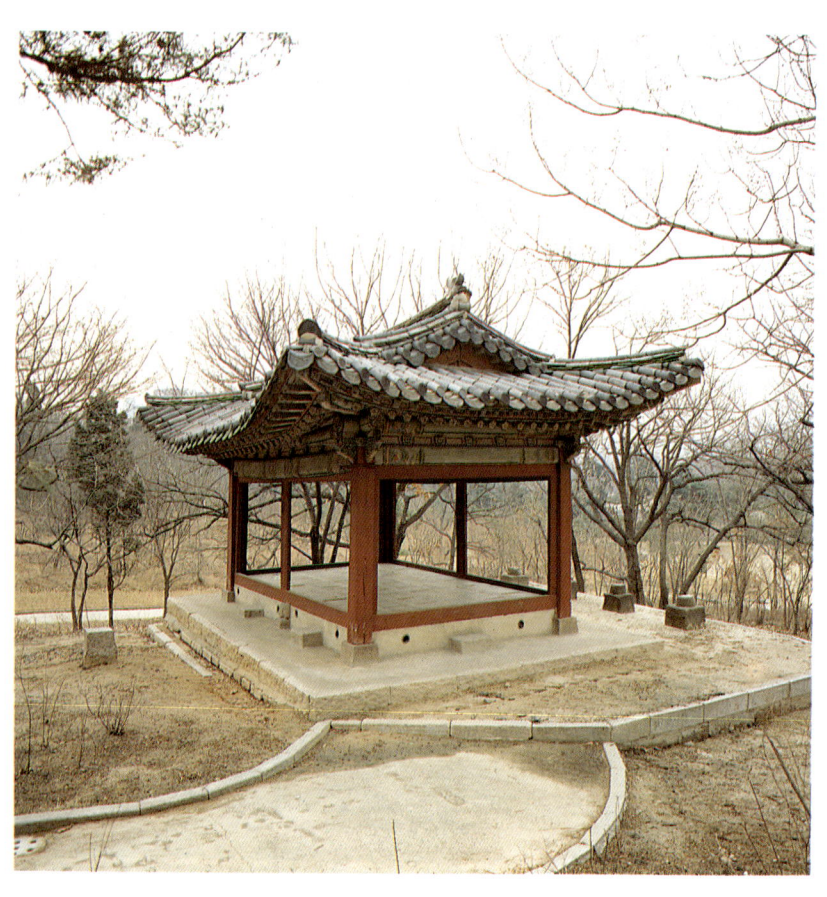

**관덕정** 이 건물은 정면 1칸, 측면 1칸에 초익공계 양식이며 팔작지붕으로 되었다. 화강석 기단 위에 각초석을 놓고 각주를 세웠으며 내부 바닥은 우물마루를 깔았다.

## 관덕정(觀德亭)

이 정자는 춘당지 동북쪽 야산 기슭에 있는 사정(射亭)으로 인조 20년(1642)에 취미정(翠微亭)이란 이름으로 창건되었으나 현종 5년(1664)에 지금의 이름으로 개명하였다 한다. 「예기(禮記)」에 "활쏘는 것으로 덕(德)을 본다. 쏘아서 정곡을 맞추지 못하면 남을 원망치 않고 제몸을 반성한다"라는 것에서 이름한 것으로 풀이된다.

정면 1칸, 측면 1칸에 초익공계 양식이며 팔작지붕으로 된 정자 건물로 화강석 기단 위에 각초석을 놓고 각주를 세웠으며 내부 바닥은 우물마루를 깔았다.

구조상 특이한 것은 측면에 비해 정면이 2배 정도 넓으나 같은 한 칸씩으로 구성되어 정면 중앙부에 수장폭 크기의 간주를 세우고 좌우 4분의 1 지점에 각각 대들보를 올려 놓았다. 대량머리는 외부로 빠져나오지 않고 내부에서 창방 위에 얹혀 있는 상태이고 네 귀의 기둥 위에서만 창방의 뺄목을 익공으로 조각하였다.

「동국여지비고」에서는 "창덕궁, 창경궁 후원에 상림십경(上林十景)이 있는데 그 가운데 하나가 관덕 풍림(觀德風林)이다" 하였다.

## 성종 태실 및 태실비(胎室碑)

양화당의 동북쪽 구릉지 숲속에 위치하고 있다. 태실은 4각형의 시내석 위에 석종형(石鐘形)의 몸체를 놓고 8각형의 지붕돌을 얹었으며 상륜부(相輪部)는 보주로 장식하였다.

태실비는 태실 동쪽에 있는데 귀부(龜趺)와 비신(碑身), 이수(螭首)를 갖추고 있고 비신 앞면에는 "성종대왕 태실(成宗大王胎室)"이라 새겨져 있다.

이들은 원래 조선 제9대 성종의 태를 묻은 곳인 경기도 광주군 경안에 세웠다고 하는데 1930년 5월 전국에 있는 조선 역대 임금의 태실을 대부분 서삼릉으로 옮길 때 이곳으로 옮겼다고 전한다.

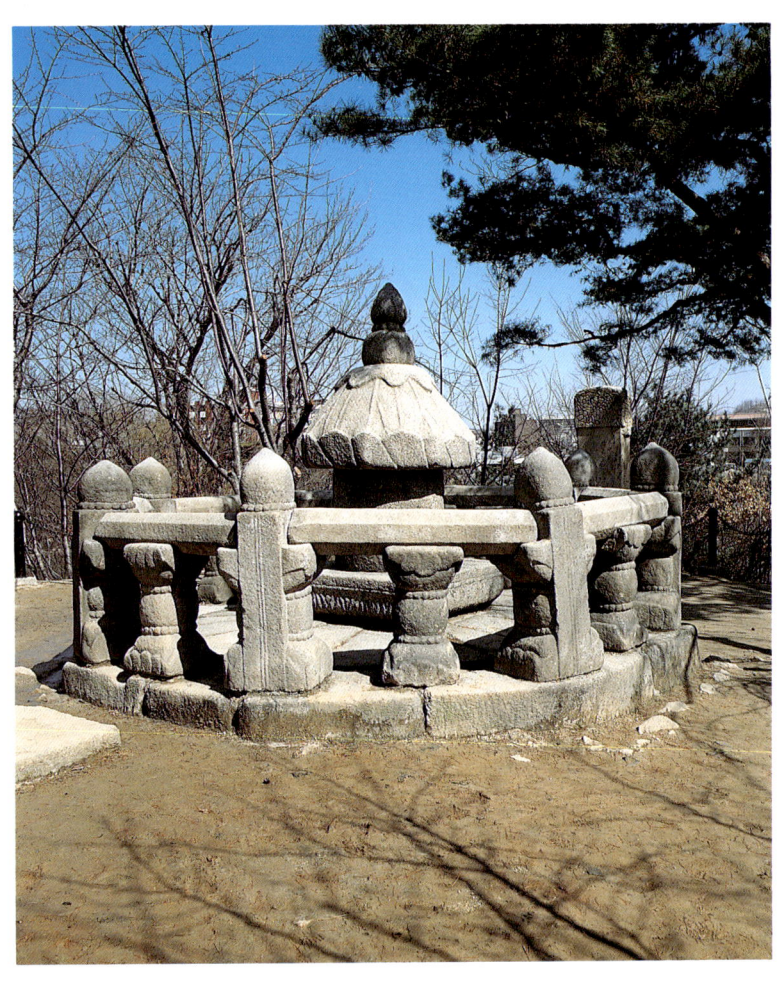

**성종 태실**  장서각의 동북쪽 구릉지 숲속에 위치한 태실은 4각형의 지대석 위에 석종형 몸체를 놓고 8각형의 지붕돌을 얹었으며 상륜부는 보주로 장식하였고 둘레에는 8각의 돌난간을 둘렀다.

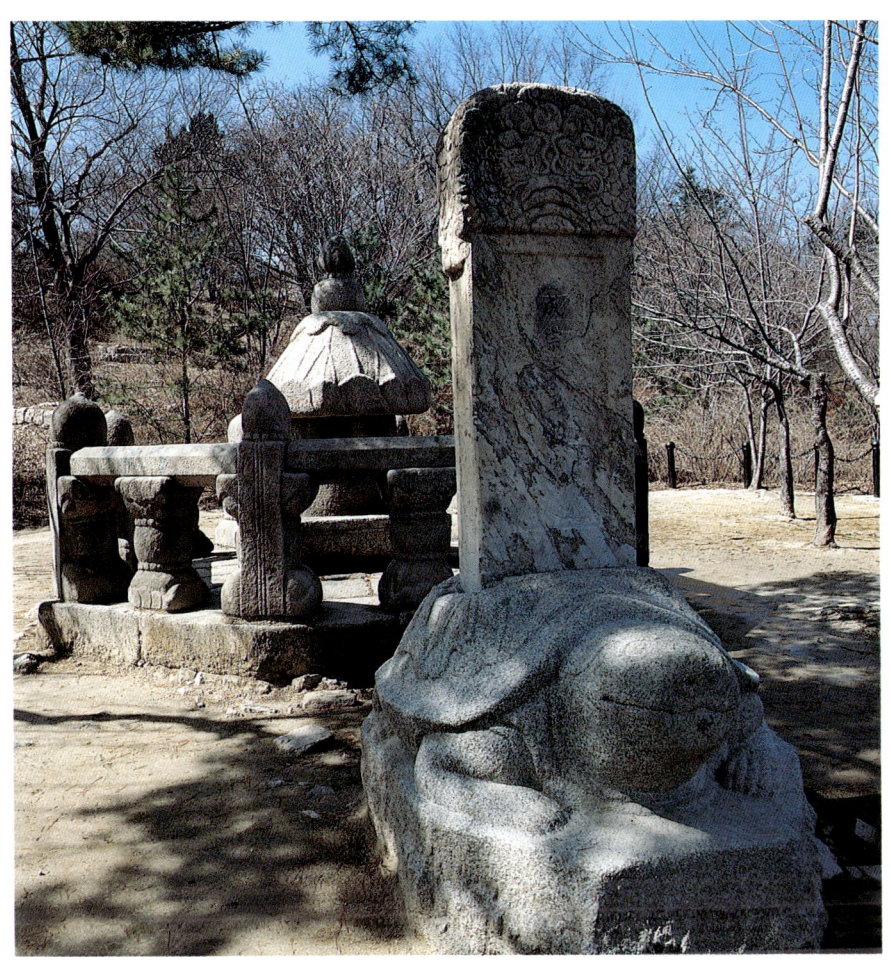

**성종 태실비** 이 비는 태실 동쪽에 있는데 귀부와 비의 몸체, 이수를 갖추고 있고 몸체의 앞면에는 "성종대왕 태실(成宗大王 胎室)"이라 새겨져 있다.

성종은 세조 3년(1457) 덕종(德宗;세조의 왕세자로 즉위 전에 승하하여 후에 추존됨)의 둘째아들로 태어나 예종의 뒤를 이어 1469년 13세의 어린 나이로 즉위하였다. 그 뒤 25년 동안 왕위에 있으면서「경국대전(經國大典)」의 반포 등 조선의 문물 제도를 완비하는 데 힘을 기울였으며 특히 창경궁을 창건한 임금이기도 하다.

### 풍기대(風旗台)

풍기대는 바람의 방향과 세기를 측정하는 바람 깃발을 세웠던 대로 장서각 앞마당에 있다.

조선시대 세종 때부터는 농업 기상학이 더욱 발달하여 농업에 영향이 큰 기상 관측이 활발히 이루어졌다. 특히 강우량의 측정과 함께 풍향과 풍속의 관측은 중요시되었다.

영조 8년(1732)에 만든 것으로 추정되는 이 풍향기 석대는 맨 위에 깃대를 꽂을 수 있는 깊이 33센티미터, 직경 11센티미터의 구멍이 파여 있는데 여기에 깃대를 세워 깃발이 날리는 방향과 세기를 관측한 것으로 석대의 총 높이는 2.28미터이다.

풍기대는 기록에 의하면 관상감(觀像監)과 각 궁궐에 세웠던 우리 손으로 만든 독특한 기상 관측기의 하나이다.

### 관천대(觀天臺)

관천대는 조선시대 천문 관측대로 소간의대(小簡儀臺) 또는 첨성대라고도 부른다. 이 관천대는 원래 창덕궁 금마문 밖에 있었던 것인데 일제 때 이곳으로 옮겨 놓았다 한다.

숙종 14년(1688)에 축조된 이 관천대는 관상감에 세워진 조선 초기의 관천대와 함께 조선시대 천문대의 양식을 보여주는 대표적인 유물이다. 여기에는 조선시대의 기본적인 천체 관측 기기의 하나인 간의를 설치하고 천체의 위치를 관측하였으며 관상감의 관원들

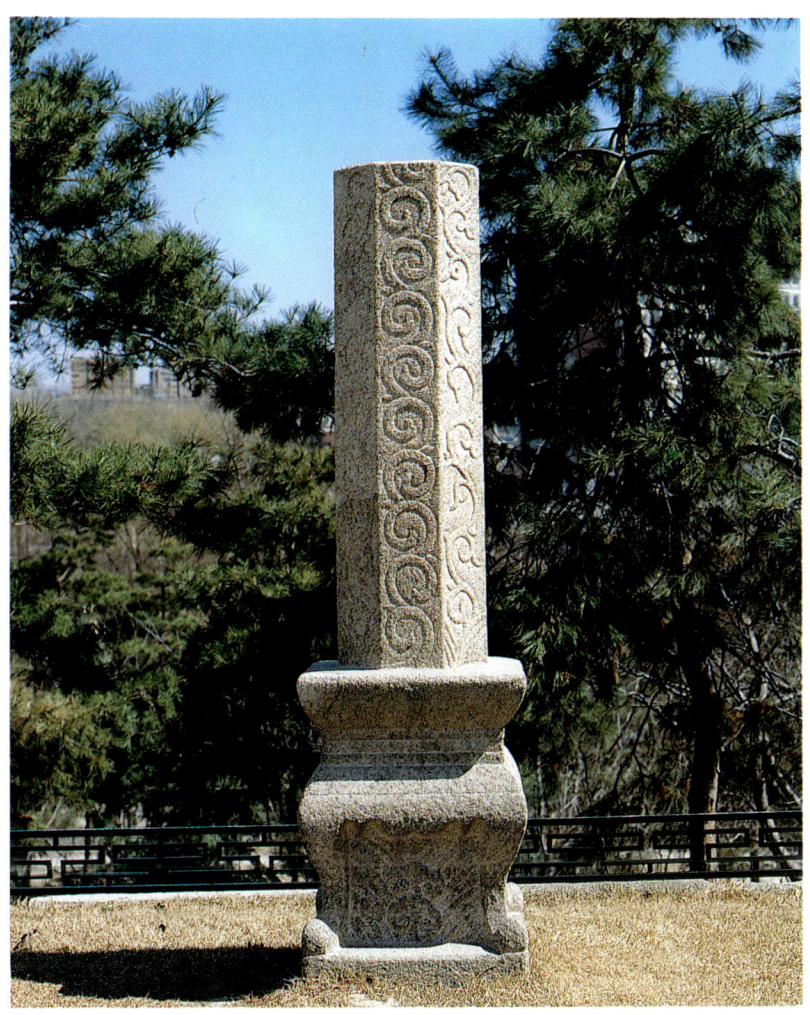

**풍기대** 영조 8년(1732)에 만든 것으로 추정되는 이 풍향기 석대는 맨 위에 깃대를 꽂을 수 있는 깊이 33센티미터, 직경 11센티미터의 구멍이 파여 있는데 여기에 깃대를 세워 깃발이 날리는 방향과 세기를 관측한 것으로 석대의 총 높이는 2.28미터이다.

도 이 관측대에서 하늘에서 일어나는 모든 현상을 끊임없이 관측하
였다.

17세기의 천문 관측대로서 완전한 모습으로 남아 있다는 점에서
도 귀중한 유물이다.

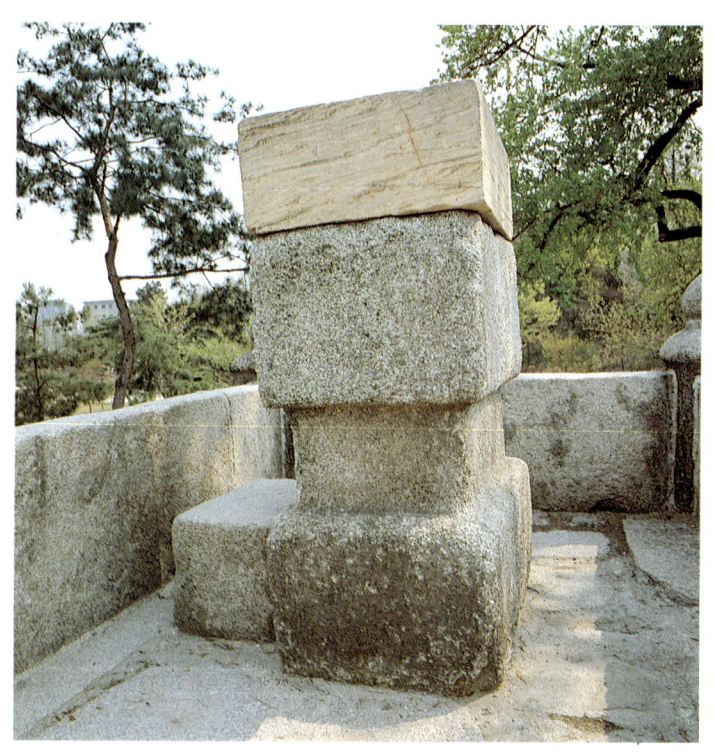

간의대석  관천대에는 천체 관측 기기의 하나인 간의를 설치하고 천체의 위치를 관측
하였다.

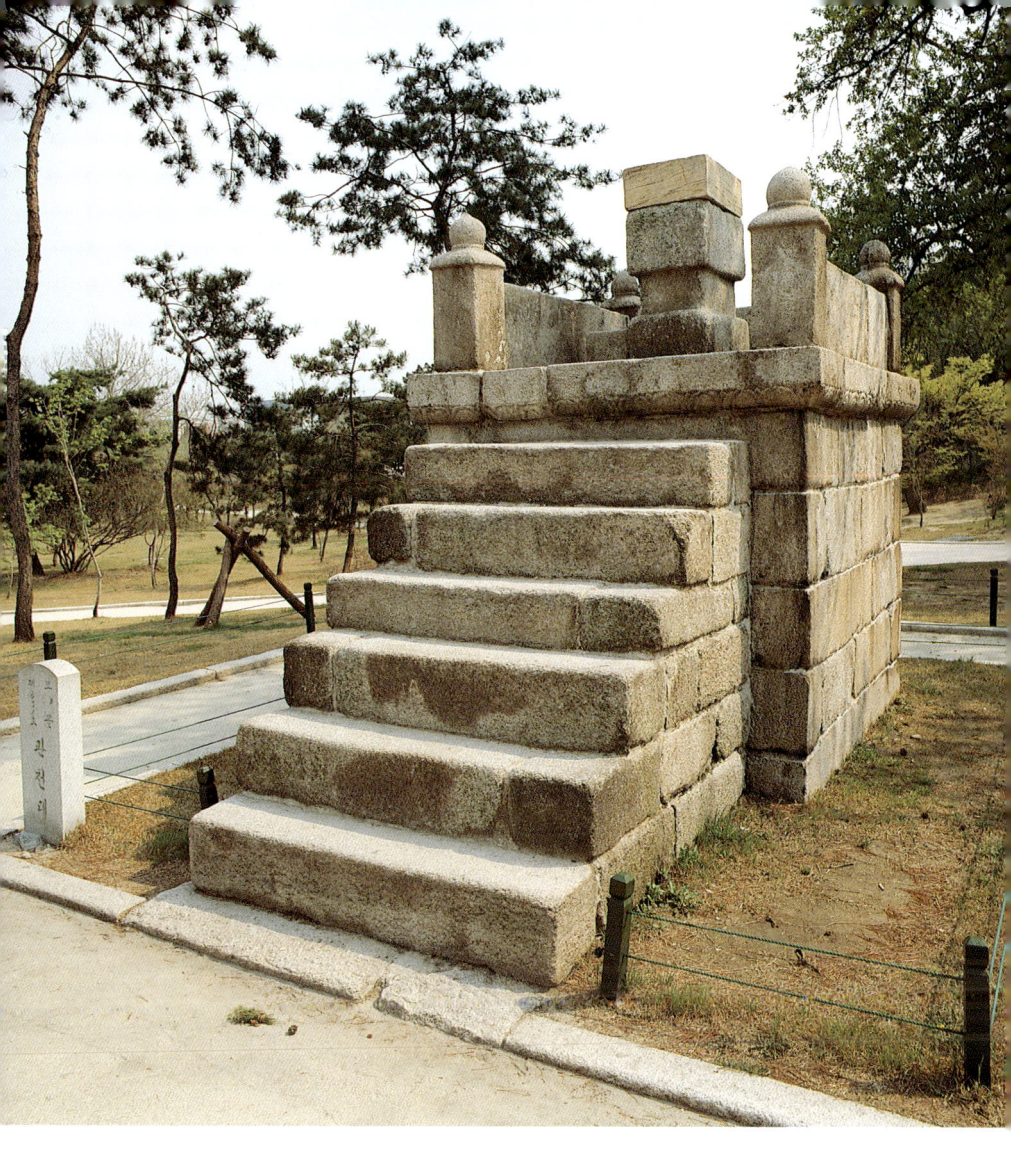

**관천대** 숙종 14년(1688)에 축조된 이 관천대는 관상감에 세워진 조선 초기의 관천대
와 함께 조선시대 천문대의 양식을 보여주는 대표적 유물이다.

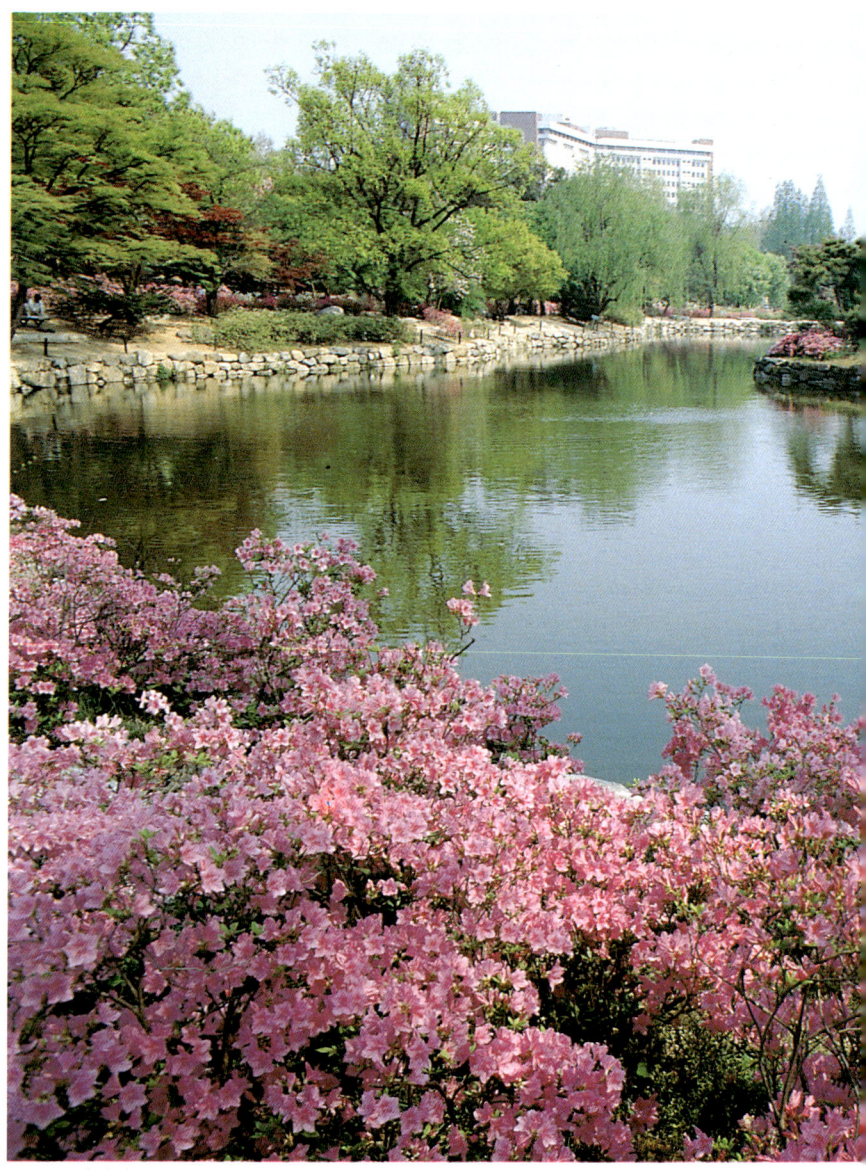

춘당지

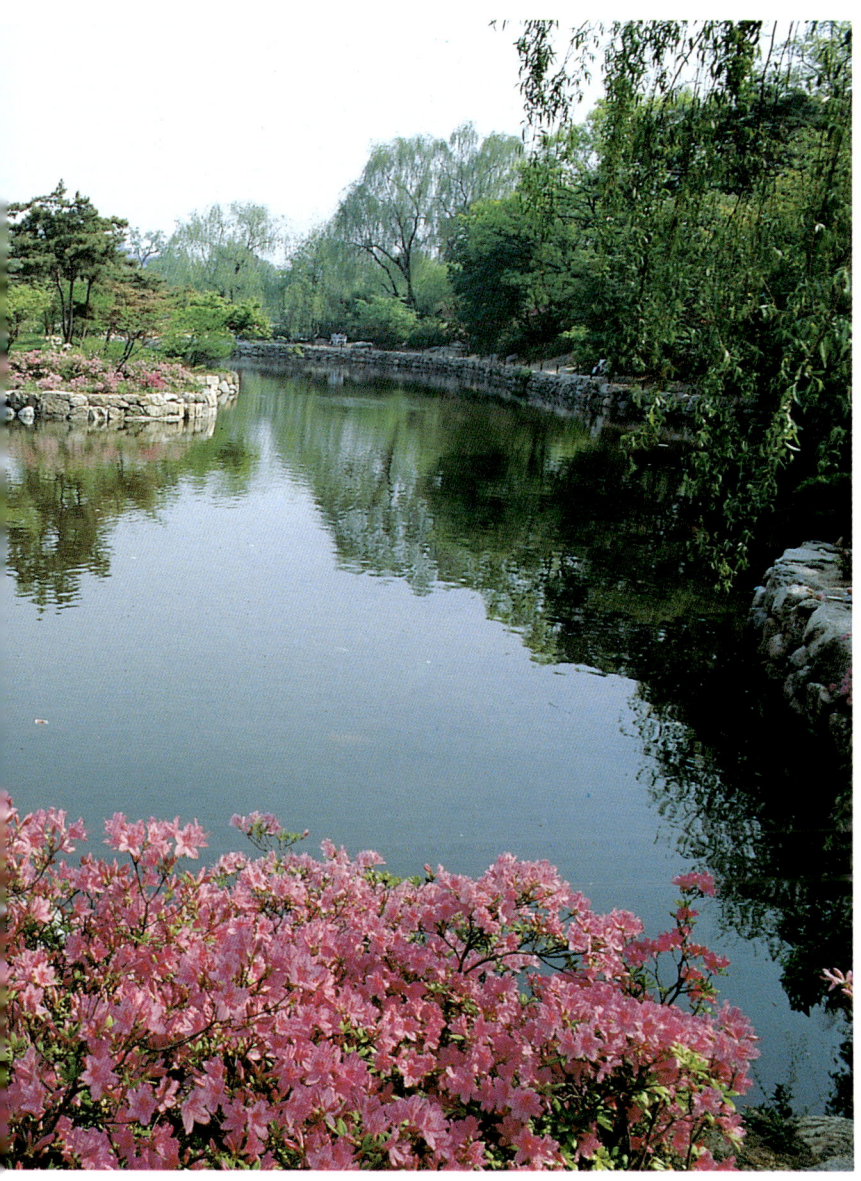

## 춘당지(春塘池)

원래 춘당지 자리에는 권농장(勸農場)이라는 논이 있었다. 그런데 일본인들이 1909년경 이곳에 연못을 조성하면서 일본식으로 꾸며 놓는 것을 1986년 창경궁 중건 공사 때 우리나라 전통 수법으로 고쳐 쌓으면서 연못을 준설하고 못 속에 섬을 만들었다. 현재 못 넓이는 위의 것이 1,107평방 미터, 아래가 6,483평방 미터이고 섬은 366평방 미터이다.

옛날 이곳에는 활을 쏘고 과거를 보기도 하였던 춘당대가 있었던 지역으로 춘당대 앞이라 하여 춘당지라는 이름이 쓰이게 되었다.

## 선인문(宣仁門)

홍화문에서 이어진 궁 담장의 남쪽 곧 창경궁 동남쪽 담장에 있는 궁문이다. 이 문은 성종 15년에 초창되었으나 임진왜란 때 소실되어 광해군 8년에 재건하였는데 철종 8년(1857)에 다시 소실되어 고종 14년(1877)에 복원하였다.

'동궐도'에 보면 현재의 월근문과 같이 솟을지붕의 외관을 갖추고 있었으나 고종 때 재건하면서 지금의 형태로 건립되어진 것으로 보인다. 「동국여지비고」에 의하면 이 문의 예전 이름은 서린문(瑞燐門)이라 하며 동궁의 정문이었는데 조정의 신하들이 이 문으로 출입하였다 한다.

## 월근문(月勤門)

창경궁 사무소 정면에 있는 이 문은 정조가 그 부친 사도세자의 묘(廟)인 경모궁에 수시로 참배하기 위하여 정조 3년(1779)에 건립하였다.

정조가 매달 초하루 경모궁에 참배하러 거둥할 때에는 반드시 이 문을 경유하였기 때문에 월근문이라 이름하였다 한다.

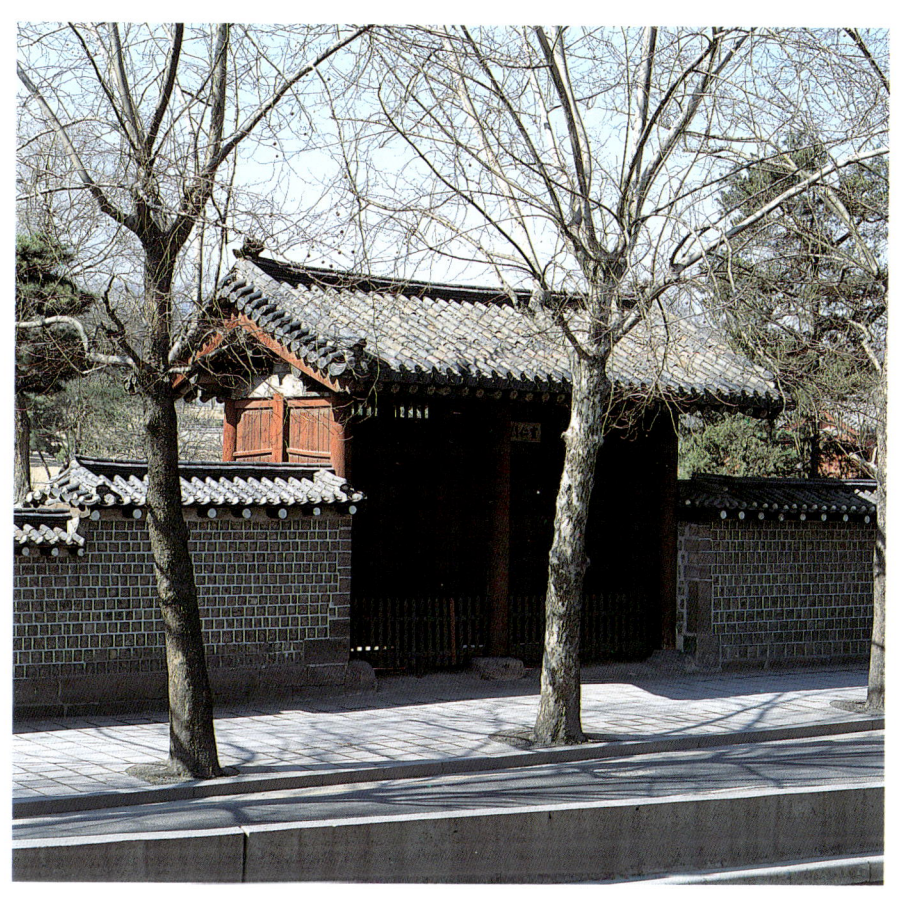

선인문  홍화문에서 이어진 궁 담장의 남쪽 곧 창경궁 동남쪽 담장에 있는 궁문이다.
이 문은 성종 15년에 초창되었으나 임진왜란 때 소실되어 광해군 8년에 재건하였는
데 철종 8년(1857)에 다시 소실되어 고종 14년(1877)에 복원하였다.

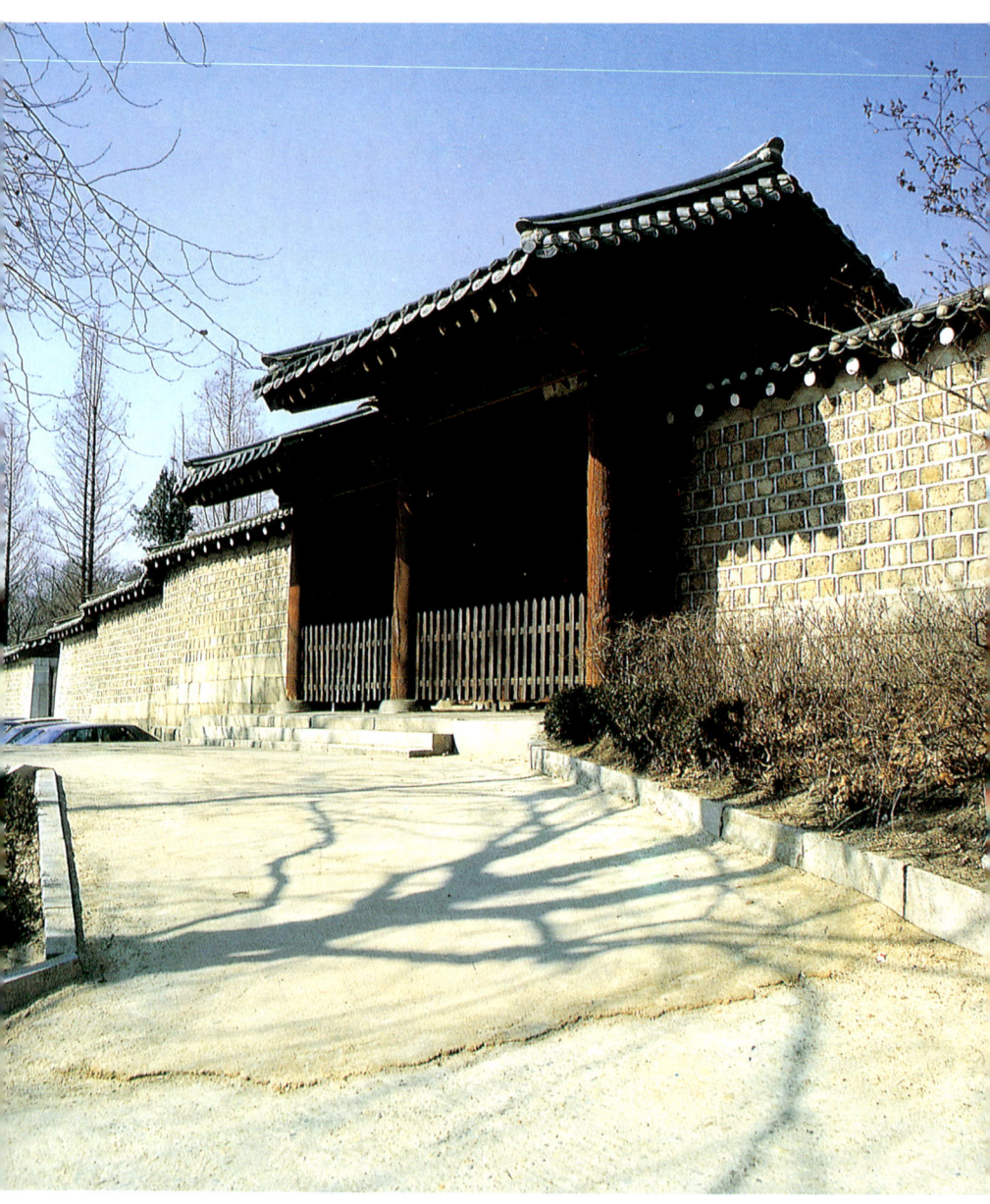

## 집춘문(集春門)

창경궁 동북쪽 담장에 있는 궁문으로 서울 문묘가 마주 바라다보이는 곳에 있다. 현재 이 문 외부 지역에는 민가가 들어서 있어 출입문으로는 사용하지 않고 있다. 「동국여지비고」에 의하면 이 문은 후원의 동문으로, 태학(太學) 서쪽 반교(泮橋)와 제일 가까워 역대 임금들이 태학으로 나갈 때에는 이 문을 경유하였다 한다.

초창은 창경궁 창건 때인 성종 때이나 현재의 건물은 조선조 말기에 건립된 것으로 보여진다.

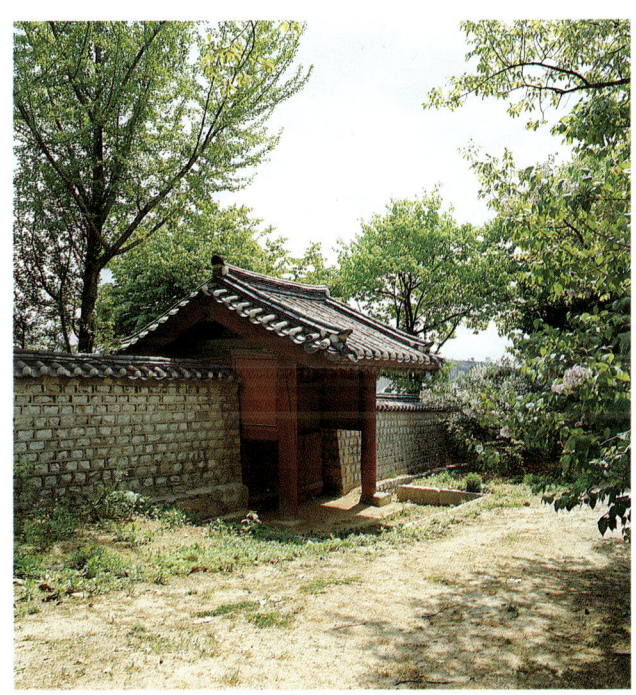

**월근문** 정조가 매달 초하루 경모궁에 참배하러 거동할 때에는 반드시 이 문을 경유하였기 때문에 월근문이라 이름하였다 한다.(옆면)
**집춘문** 역대 임금들이 태학에 갈 때 경유했다는 문이다.(왼쪽)

# Ch'anggyŏnggung Palace

Ch'anggyŏnggung was a detached palace during the Chosŏn Kingdom(1392–1910). It was first called Suganggung. Chosŏn's third monarch T'aejong(r. 1400–18) resided in the palace after he relinquished the throne to his son Sejong(r. 1418–50) in 1418.

The palace received little care after T'aejong's death until 1479 when king Sŏngjong(r. 1469–94) decided to renovate it for his grandmother(Queen Chŏnghŭi, wife of King Sejo), his mother(Queen Sohye, wife of Honorary King Tŏkchong) and his adopted mother(Queen Ansun, second wife of King Yejong).

The renovation work was started in February 1483, was suspended temporarily at the death of Queen Chŏnghŭi on March 30 the same year, was resumed in August after her burial in Kwangnŭng, and was completed in September 1484. It was then renamed ch'anggyŏnggung.

Though it was meant to house the two queen mothers, administrative buildings for the king to discharge state responsibilities, other governmental buildings, and living quarters for the royal family were constructed during the renovation. It was a formal palace not only in size and facilities but in function as well because many succeeding kings resided and attended to state affairs here.

In 1592, about a century after the construction of Ch'anggyŏnggung, a great tragedy befell Korea when Japanese invaders swept across the country, plundering the land and setting towns afire. Kyŏngbokkung, the formal palace, Ch'angdŏkkung, a detached palace, Ch'anggyŏnggung, and Chongmyo, the National Shrine, were all reduced to ashes.

Ch'anggyŏnggung was not the main palace but a detached palace, a private royal residence. Its public or governmental area was modeled in the usual palace architecture style with a main gate, a stone bridge, an inner gate, and a throne hall built one after the other, and surrounded by corridors. They are slightly off center, however, deviating from the general rule of aligning every structure exactly on the same axis. It is also peculiar that these buildings are oriented to the east, when all other Chosŏn palaces face southward as a rule.

The location of the living quarters and the governmental buildings was obviously dictated by the natural topography of the terrain rather than the architectural norms for palace construction. Ch'anggyŏnggung is an elegant example of Korean architecture that conforms to and makes the best of the natural environment.

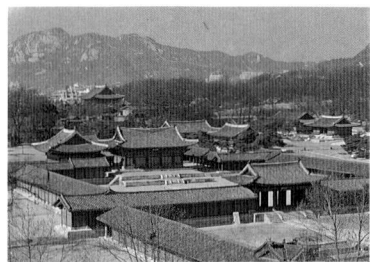

Ch'anggyŏggung Palace. A detached palace during the Chosŏn Kingdom, Ch'anggyŏnggung is noted for its compliance with the topography and harmony with the natural environment. (p.6~7)

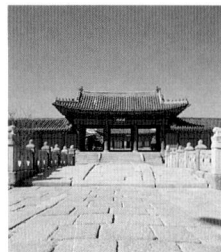

Myŏngjŏngmun, the inner gate of Ch'an ggyŏnggung Palace, served as the gateway to the governmental area. It was reconstructed during the reign of Kwan-ghaegun. In front of the gate is Ok ch'ŏngyo Bridge. (p.20)

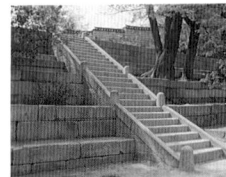

Flower Terraces in the garden west of the T'ongmyŏngjŏn Hall. The terraces are built with layers of rectangular stones. The stone steps lead to Ch'angdŏkkung. Being ancillary to the main palaces of Ch'angdŏkkung and Kyŏngbokkung, Ch'anggyŏnggung is landscaped in a simpler style. (p.123)

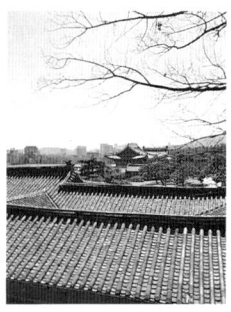

Myŏngjŏngjŏn, the throne hall, and Munjŏngjŏn, viewed from the site of chagyŏngjŏn Hall. Although it was a detached palace, Ch'anggyo 'nggung had halls from which the king could conduct affairs of state. (p.18)

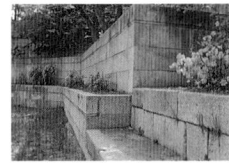

The refined construction of the flower terraces in the garden of the defunct Chagyŏngjŏn testifies to th stateliness of the residential hall. (p.24)

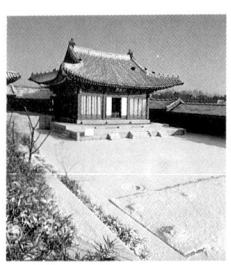

Munjŏngjŏn, the hall where the king discharged state responsibilities. Burnt down during the 1592-98 Japanese invasions, it was reconstructed during the reign of Kwang-haegun (r.1608-23). It was destroyed by the Japanese in 1909, and was reconstructed in 1986. (p.29)

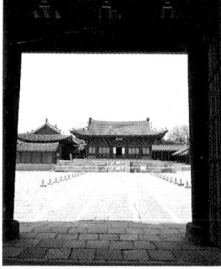

Myŏngjŏngjŏn, the throne hall, viewed from the Myŏngjŏngmun Gate. Reconstructed in 1616, it is the oldest of the main halls of the existing chosŏn palaces. (p.27)

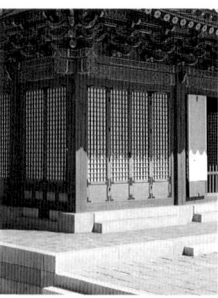

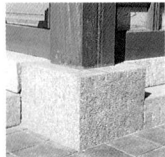

Latticed doors and a close-up of a corner stone and column of Mun jŏngjŏn. The use of square columns is rather unusual, round columns being more common for palatial structures. (p.30~31) –

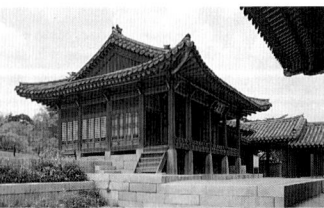

Sungmundang Hall. Making the best of the contour of the terrain, the front of the hall is supported by tall stone plinths in an elevated pavilion style and the back of the hall rests on the ground. The elevated hall is approached via two sets of wood steps built on the sides and overlooks a neat stone terrace designed to accom-modate simple ceremonies. (p.37)

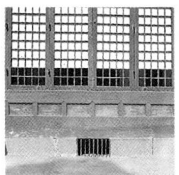

The doors and a vent under the floor of T'ongmyŏngjŏn, the main hall of the royal residence. (p.34)

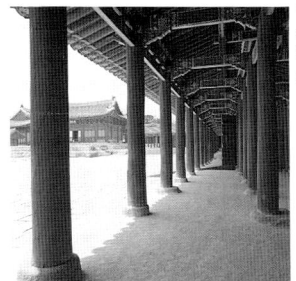

The colonaded corridors that link Myŏngjŏngmun Gate to Myŏngjŏngjŏn Hall. (p.65)

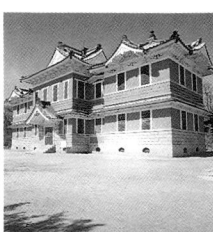

Changsŏgak. After turning the palace into an amusement park by building a zoo and a botanical garden on the grounds and demoting it by changing its name from Ch'anggyŏnggung Palace to Ch'anggyŏngwon Park, the Japanese built this Japanese style building on the site of Chagyŏngjŏn to house a museum around 1911. (p.44)

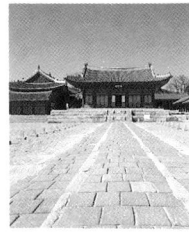

Myŏngjŏnjŏn Hall is bordered by a layer of rectangular stones on a spacious, two-stepped terrace. On each side of the walkway in the stone paved courtyard are stone tablets marking the positions of officials. (p.67)

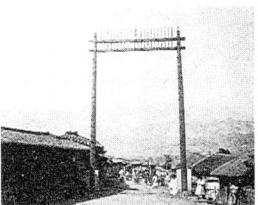

The area near the royal stable administration office towards the end of the Chosŏn period. It was one of many administrative offices in Ch'anggyŏngung that were destroyed. (p.48)

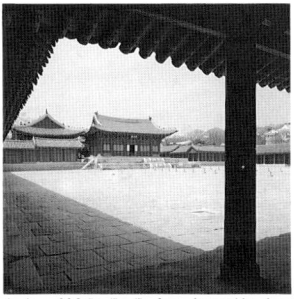
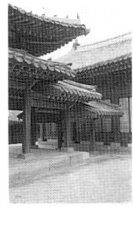

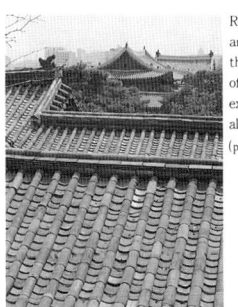

Roofs of buildings in the public area. Unlike in other palaces, the gates and the main hall of Ch'anggyŏnggung are not exactly on the same axis, each aligned slightly off center. (p.51)

A view of Myŏngjŏngjŏn from the corridor shows that because of limited space its terrace is two-stepped only in the east and north sides. A corridor behind the hall leads to Pinyangmun Gate. (p.68~69)

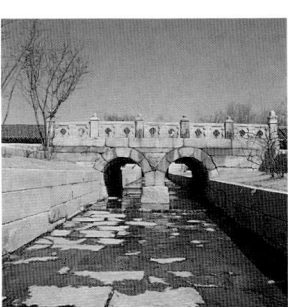

Okch'ŏngyo Bridge and a close up of one of its newel caps. The bridge spans the Okch'ŏn Stream between the Hong-hwamun Gate and the Myŏng jŏngmun Gate. It was built in 1483 at the time the palace was constructed. (p.62~63)

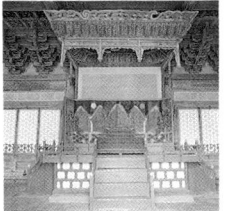
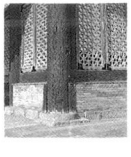
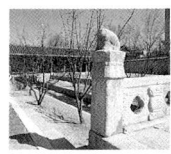

Close-up of a column and the interior of Myŏngjŏngjŏn Hall. There are 20 columns, four of them taller than the others, and each one supported by a round stone plinth. Of special note are the brick walls below the windows. A canopied throne sits inside the hall. (p.70~71)

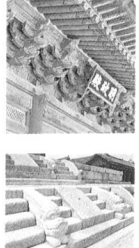
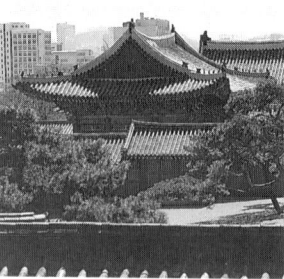

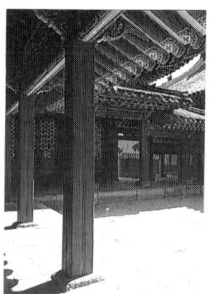

Pinyangmun is the gate at the end of the corridor at the back of Myŏngjŏng jŏn that connects the governing area to the residential area. (p.88~89)

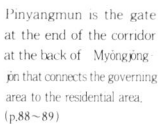
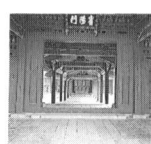

Myŏngjŏngjŏn Hall and part of the corridors(upper right), the hanging board on its eaves carrying the name of the hall(top left), and the stone steps to the terrace(upper left). (p.72~73)

The center of the ceiling of Haminjŏng Pavilion is coffered while the corners around it are open, revealing the frame work of the ceiling. (p.90)

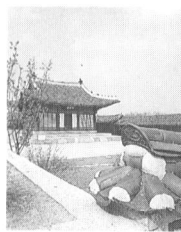
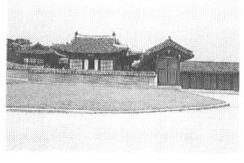

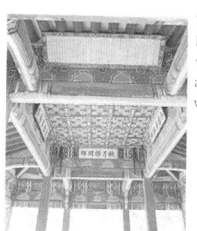

Munjŏngjŏn Hall was reconstructed in 1986 according to evacuation findings. Its east corridor and the Mungjŏngmun Gate were also reconstructed at the same time together with the flower terraces on the slope to its west. (p.80~81)

Haminjŏng. It is said that King Yŏngjo received successful candidates of the state civil and military service examinations in this pavilion. A three by three kan structure, it stands on a stone terrace of rectangular stones and has square columns. (p.91)

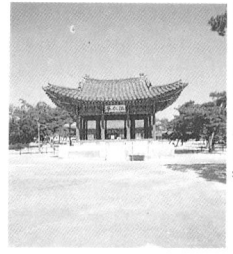

The throne in Munjŏngjŏn Hall. Behind it stands a sun and moon folding screen. An ornate canopy hangs over the throne. (p.82)

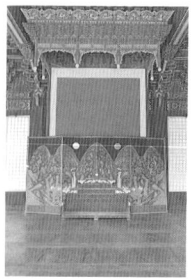

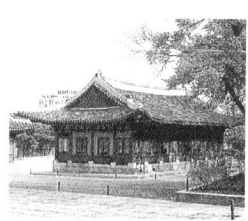
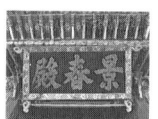

The eaves of Sungmundang and its hanging signboard. Though belonging to the governing area, this hall, which is tucked behind Myŏngjŏngjŏn, is built in a much simpler style than the main hall and has no flying rafters. (p.87)

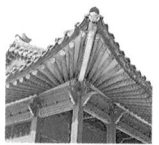

Kyŏngch'unjŏn was first built in 1483, burnt down during the 1592-98 Japanese invasions, reconstructed in 1616 and was again destroyed by fire in 1830. The present building was reconstructed in 1834. The sign on the board (above) is in the calligraphy of King Sunjo(r. 1800-34). It is strip floored(left) and has a ventilation system using vents(lower left). (p.92~93)

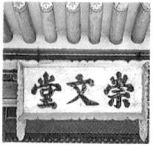
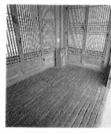
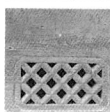

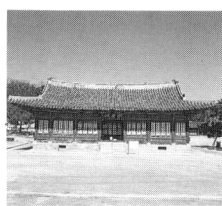

Hwangyŏngjŏn was one of the most important buildings in the residential area. chung-jong (r. 1506–44), the 11th monarch of Chosŏn, died here. When Ikchong, the Crown Prince of King Sunjo, died prematurely, his body was enshrined here until the burial. (p.94)

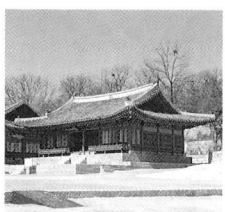

Yanghwadang, located to the east of T'ongmyŏngjŏn. King Injo (r. 1623–49) resided here briefly in 1636 and Queen Ch'ŏrin, wife of King Ch'ŏlchong (r. 1840–63), died here in 1878. (p.106)

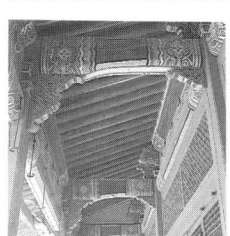

The ceiling over the veranda of T'ongmyŏngjŏn is not covered while the central part inside the hall is ornately coffered. The veranda beam is tenoned into the tall column (p.99)

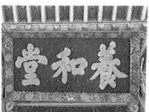

The eaves of Yanghwadang and its signboard that was written by King Sunjo. The roof is hipped and gabled but the eaves are bracketed in a simple manner with a bearing block on the heads of the columns. (p.104~105)

Yŏngch'unhŏn, a residential struc-ture. The main building, which is five kan wide, faces south. It has a wing at each side and one at the back, forming a square with a courtyard at the center. (p.109)

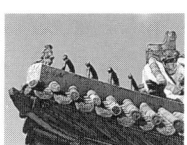

Animal figurines and a dragon head are perched on the hip ridge of the T'ongmyŏngjŏn roof. (p.96)

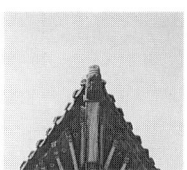

The protruding end of the hip rafter of T'ongmyŏngjŏn is capped with a dragon head tile. (p.96)

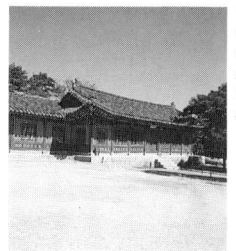

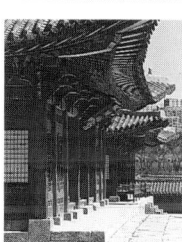

T'ongmyŏngjŏn, the royal bed chamber, is the only building in the residential area that has a stone terrace in front to accommodate simple ceremonies. (p.100)

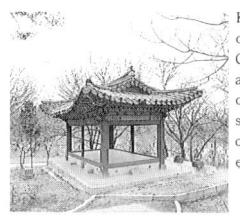

Kwandŏkchŏng, an archery pavilion on the northeastern slope of the Ch'undangji Pond. A structure with a hipped-and-gabled roof, it stands on a granite foundation and has square pillars supported by square-cut plinths. The floor is wood pan-elled. (p.110)

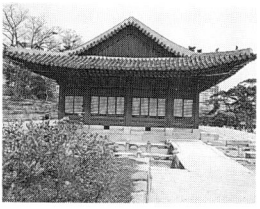

The west facade of T'ongmyŏngjŏn. A rectangular stone pond measuring 12.8 meters north to south and 5.2 meters east to west is in the yard. The banks of the pond are made of rectangular stones and are bordered by an exquisitely carved stone railing. (p.101)

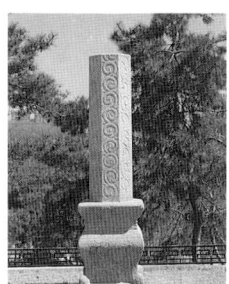

P'unggidae, a pedestal on which a wind streamer was hoisted to measure wind velocity and direction, stands in front of changsŏgak. According to records, such weather devices were installed in the Office of Meteorology and Astronomy and in each of the palaces. (p.115)

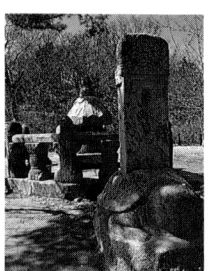

Stele. Comprising a pedestal, a capstone and a body stone, this stele marks the place where the placenta of King Sŏng jong(r. 1469-97). (p.113)

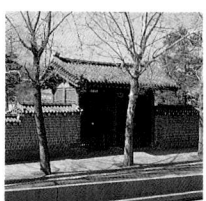

Sŏninmun Gate at the southeast point of the Ch'anggyŏnggung wall. Officials entered the palace through this gate. (p.121)

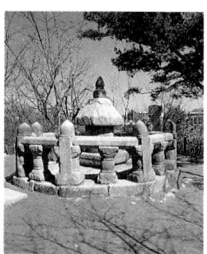

Placenta Burial of King Sŏngjong. Located in a grove northeast of Changso gak, this stone structure enshrines the placenta of King Sŏngjong. It comprises a bell-shaped body on a square base and an octagonal capstone on the top. It is surrounded by an octagonal stone railing. (p.112)

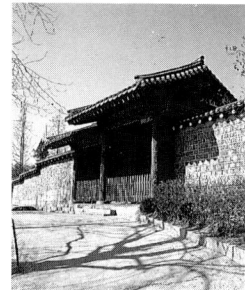

Wolgŭnmun Gate was especially made by King Chŏngjo(r.1776 -1800) to facilitate the royal procession to Kyŏngmogung, a shrine to his fathere Crown Prince Sado. It is said that Cho ngjo used this gate to visit the shrine every first day of the month. (p.122)

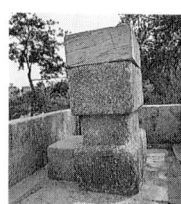

Kanŭi, a kind of transit, was installed on top of the observatory called Kwanch'ŏndae. (p.116)

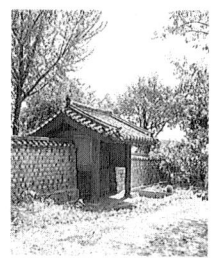

Chipch'unmun Gate in the east of the palace garden was the nearest to Sŏnggyukwan, the National Confucian Academy, and thus was often used by the king when he visited Sŏnggyungwan. (p.123)

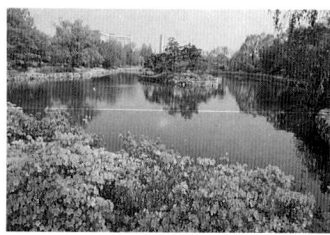

Ch'undangji Pond. The Japanese constructed a Japanese style pond in place of Kwŏnnongjang, a rice paddy where the king farmed. It was relandscaped in the traditional Korean style in 1986 when the palace was restored. The pond was dredged and an island was added at the time. (p.118~119)

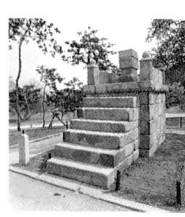

Kwanch'ŏndae, an observatory built in 1688. It is characteristic of devices for meteorologic and astronomic studies during the Chosŏn period. (p.117)

# 참고 문헌

「조선왕조실록」
「신증동국여지승람」
「궁궐지」
「연려실기술」
「창경궁수리소의궤」
「창덕궁, 창경궁 수리도감의궤」
「창경궁영건도감의궤」
김왕직 '조선 후기 궁궐 건축의 영조에 관한 연구'한양대학교 산업대학
    원, 1989.
김동욱 '인조조의 창경궁, 창덕궁 조영'「문화재」19호, 문화재관리국,
    1986.
김동현 '창경궁'「서울 600년사」문화·사적편, 서울특별시사편찬위원회,
    1987.
유본예 「한경지략」서울특별시사편찬위원회, 1956.
이창교 '동궐도'「문화재」8호, 문화재관리국, 1974.
이철원 「왕궁사」구황실재산사무총국
최영희 '서총대에 대하여'「향토서울」18호, 서울특별시사편찬위원회,
    1963.
한성국 '창경궁고'「향토서울」13호, 서울특별시사편찬위원회, 1962.
문화재관리국「창경궁발굴조사보고서」1985.
한국문화재보호협회「문화재대관」국보·보물편, 1986.

빛깔있는 책들 102-17

# 창경궁

초판 1쇄 발행 | 1991년 6월 29일
초판 6쇄 발행 | 2002년 8월 5일
재판 1쇄 발행 | 2012년 1월 15일

글 | 문영빈
사　진 | 김종섭
발행인 | 김남석

편 집 이 사 | 김정옥
편집디자인 | 임세희
전　　　무 | 정만성
영 업 부 장 | 이현석

발행처 | (주)대원사
주　　소 | 135-231 서울시 강남구 일원동 640-2
전　　화 | (02)757-6717~6719
팩시밀리 | (02)775-8043
등록번호 | 등록 제3-191호
홈페이지 | www.daewonsa.co.kr

값 8,500원

ISBN 978-89-369-0102-8
ISBN 978-89-369-0000-7 14590(세트)

잘못 만들어진 책은 바꾸어 드립니다.